復刊

射影幾何学

秋月康夫
滝沢精二 共著

共立出版株式会社

序　　　文

射影幾何の思想は遠く Poncelet に発する．ユークリッド幾何に対してその自由な考えの運びは，地上の歩行に対し，空中を行くの概があった．デカルトの座標幾何が近世数学のはじまりといえれば，射影幾何は現代数学のさきがけということができよう．

しかし射影幾何学が隆盛を極めたのは前世紀においてであり，いわゆる射影幾何学として体系化されているところは，その対象が固定化され，線型ならびに二次曲面の理論になっていて，現代数学とはやや気分が異なっているようである．そこで現代数学講座の一項目としての射影幾何学としては，むしろ通説の体系より離れて現代数学との関連を主にして執筆すべく企てたのである．

まず公理主義的な数学の建設の一例として，第1章および第2章は射影幾何学の公理からの構成（束論との関連），射影座標の導入および射影変換の基本を論ずることに充当することにしたのである．

第3章は可換体上の射影幾何の解析的取扱についてであって，古典的な部面をできるだけ簡単にスケッチすることにつとめることとした．

第4章では，射影空間，Grassmann 多様体を等質空間と見ることより出発し，Grassmann 多様体，Schubert 多様体について説き，Grassmann 代数を用いて Plücker 座標およびその関係式を論じたのである．

ユークリッドならびに非ユークリッド計量は付録Iに，また近時重要性を示してきている Grassmann 多様体の位相的性質については付録 II としてのせておいた．けだし，これらは射影幾何とよんでよいか否か不分明なまま付録としたのである．

なお代数幾何学で，射影幾何的な場面も多いので，その直観的部面について説き及ぼそうと思っていたのであるが，公私繁忙のためその時間がなく果し得なかったのは残念である．

本項を通覧して，射影幾何の幾何らしい，ほんとうの直観的な幾何の精神が十分に示し得ていないのを省みて，よしこの企画がそれに不向きであったとしても，衣をかえても不可能なことでないと考えるまま恥かしく思うものである．前世紀の射影幾何は実にのびのびと活躍したものである．この闊達な精神はあるいは現代では数学の全部門に拡大されてしまっているのかもしれない．しかし幾何的な直観が，現代におけるよりも，もっと強力に活動すべきだし，将来また活動することあるを信ずるが，本項にそれが十分に盛れなかったことは重ねて非常に遺憾に思うものである．

1957年　8月16日　夜

秋　月　康　夫　記

目　　次

第 1 章　射影幾何の公理

§1·1　束

射影幾何を構成するためまず束に関する基礎的な用語の説明から始めよう．

定義 1·1　集合 P の元の間に関係 $\prec$ が定義され，条件

PO 1　$a \prec a$

PO 2　$a \prec b$，$b \prec c$ ならば $a \prec c$

PO 3　$a \prec b$，$b \prec a$ ならば $a = b$

をみたすとき，P を**半順序集合**という．

関係 $a \prec b$ はまた $b \succ a$ とも書く．$a \prec b$ かつ $a \neq b$ のとき $a \prec\cdot b$ で表わす．半順序集合のいずれの二元 a，b に対しても $a \prec b$ または $b \prec a$ が成り立つとき**全順序集合**という．半順序集合の任意の部分集合は同じ関係 $\prec$ で半順序集合である．混乱をさけるため，各元が集合であるような集合を**集合系**とよぶことにする．特に集合系のいずれの元も同一の集合 M の部分集合であるとき‘M に含まれる集合系’という．集合 M に含まれるいかなる集合系も包含関係 $\subset$ で半順序集合となる．

半順序集合 P の元 a がすべての元 $x \in P$ に対して $a \prec x$ ($x \prec a$) なるとき a を P の**最小元**（**最大元**）という．P の部分集合で最小元（最大元）をもつ可算全順序集合

$$a_0 \prec\cdot a_1 \prec\cdot \cdots \prec\cdot a_i \prec\cdot \cdots \quad (a_0 \cdot\succ a_1 \cdot\succ \cdots \cdot\succ a_i \cdot\succ \cdots)$$

を**鎖**という．特に鎖が有限な k 個の元からなるとき，$k-1$ をその鎖の**長さ**という．P の二元 $a \prec\cdot b$ に対して $a \prec\cdot x \prec\cdot b$ なる元 x が存在しないとき，a は b の**下に素**，あるいは b は a の**上に素**であるという．鎖 $a_0 \prec\cdot a_1 \prec\cdot \cdots (a_0 \cdot\succ a_1 \cdot\succ \cdots)$ において a_{i+1} が a_i の上に素（下に素）であるとき**主鎖**という．S を P の部分集合とする．任意の元 $x \in S$ に対して $x \prec a$ ($a \prec x$) なる元 $a \in P$ を S の**上界**（**下界**）といい，S の上界（下界）全体のなす集合が最小元（最

大元）をもつときその元を S の**上限**（**下限**）という．

二つの半順序集合 P, P' の間に 1-1 対応 $\varphi: P \to P'$ が与えられ，$a \prec b \Leftrightarrow \varphi(a) \prec \varphi(b)$ のとき P と P' とは**同型**であるといい，$P \approx P'$ で表わす．

定義 1·2　半順序集合 L において，いずれの二元 a, b をとっても，それらが上限および下限をもつとき，L を**束**という．

二元 a, b の上限，下限をそれぞれ $a \cup b$, $a \cap b$ で表わし，記号 $\cup$，$\cap$ をそれぞれ**交**，**結**と読む．明らかに

定理 1·1　束において

L 1　$a \cup b = b \cup a$,　$a \cap b = b \cap a$

L 2　$a \cup (b \cup c) = (a \cup b) \cup c$,　$a \cap (b \cap c) = (a \cap b) \cap c$

L 3　$a \cup (a \cap b) = a$,　$a \cap (a \cup b) = a$

が成り立つ．逆に集合 L のすべての二元の間に上の三法則をみたす演算 $\cup$，$\cap$ が与えられたとき，L の順序を $a \cup b = b$ のとき $a \prec b$ と定めれば L は束となる．

束においては有限個の元の上限および下限は存在する．特に任意の（無限）部分集合も上限および下限をもつとき，その束を**完備束**という．

定理 1·2　集合 M に含まれる集合系 $\mathfrak{L}$ が次の二条件をみたすとき $\mathfrak{L}$ は包含関係で完備束をなす：（i）$M \in \mathfrak{L}$．（ii）$\mathfrak{L}$ の任意の部分集合系の共通部分はまた $\mathfrak{L}$ に属す．

（証明）$\mathfrak{A}$ を $\mathfrak{L}$ の部分集合系とし，$\mathfrak{A}$ の共通部分を $S(\in \mathfrak{L})$ とすれば，S が $\mathfrak{A}$ の下限である．$\mathfrak{A}$ の上界全体を $\mathfrak{B}$ とすれば $M \in \mathfrak{B}$．そして $\mathfrak{B}$ の共通部分が $\mathfrak{A}$ の上限である．

束 L に対してその**双対束** L^* を次のように定義する：L^* は集合としては L と同じものとし，L において $a \prec b$ のとき L^* では $b \prec a$ と定める．二元 a, b の L における結，交は L^* においてはそれぞれ交，結となる．束 L が束 L' の双対束と同型であるとき，L と L' とは**双対同型**であるという．束の部分集合で同一の結，交によって束をなすものを**部分束**といい，特にその部分束の元と任意元の交（結）がまたもとの部分束に属するものを**イデアル**（**双対

イデアル）という．束 L の二元 a, b に対して $a \prec x \prec b$ となる元全体は L の部分束をなす．これを**区間**とよんで $[a, b]$ で表わす．また元 a に対して $x \prec a$ となる元 x 全体はイデアルをつくる．これを**単項イデアル**とよんで $(a]$ で表わす．L が最小元 ϕ をもつとき $(a]=[\phi, a]$ である．同様に**単項双対イデアル** $[a)$ も定義される．

定理 1·3 束 L において，$a \prec c$ ならば

$$(a \cup b) \cap c \succ a \cup (b \cap c). \qquad \text{[片側モジュラ律]}$$

（証明） 一般に $a \cup b$, $a \cup c \succ a$, $b \cap c$. ゆえに $(a \cup b) \cap (a \cup c) \succ a \cup (b \cap c)$. ここで $a \cup c = c$ とおけばよい．

定義 1·3 次の条件をみたす束を**モジュラ束**という：$a \prec c$ ならば

$$(a \cup b) \cap c = a \cup (b \cap c).$$

明らかに

定理 1·4 モジュラ束の双対束，部分束はまたモジュラ束である．

定理 1·5 束がモジュラ束となるための条件は，次のような三元 a, a', b が存在しないことである： $a \cup b = a' \cup b$, $a \cap b = a' \cap b$, $a' \prec \cdot a$.

（証明） かような三元が存在すれば，$(a' \cup b) \cap a = a \cdot \succ a' = a' \cup (b \cap a)$. よってモジュラ束ではない．逆にモジュラ束でなければ $p \prec q$, $(p \cup b) \cap q \cdot \succ p \cup (b \cap q)$ なる三元 p, q, b をとり，$a=(p \cup b) \cap q$, $a'=p \cup (b \cap q)$ とおけば $a' \prec \cdot a$ かつ $a' \cup b \prec a \cup b \prec (p \cup b) \cup b = p \cup b = p \cup (b \cap q) \cup b = a' \cup b$. ゆえに $a' \cup b = a \cup b$. 同様に $a' \cap b = a \cap b$.

定理 1·6 群の正規部分群全体は包含関係でモジュラ束をつくる．

（証明） A, B を群 G の正規部分群とする．この束では $A \cap B$ は共通部分，$A \cup B$ は積 $AB=\{ab \,;\, a \in A,\ b \in B\}$ として定義できる．そこで $A \supset A'$, $AB=A'B$, $A \cap B = A' \cap B$ ならば $A=A'$ を証明すればよい．任意の元 $a \in A \subset AB = A'B$ をとれば，$a=a'b$ なる元 $a' \in A'$, $b \in B$ が存在する．$b=a'^{-1}a \in A$ ゆえ $b \in A \cap B = A' \cap B$. よって $b \in A'$. ゆえに $a=a'b \in A'$.

束において $a \prec b$ なる二元の組を**商**といい，b/a で表わす．b が a の上に素のとき商 b/a は**素**であるという．二商 $x \cup y/x$, $y/x \cap y$ はたがいに**転置的**であるという．

二商 b/a, b'/a' に対して商の有限列 b/a, $y_1/x_1, \cdots, b'/a'$ が存在して相隣る二商がたがいに転置的となるとき，b/a と b'/a' とは**射影的**であるという．商の間の射影的関係は等値関係（反射律，対称律，移動律）をみたす．最小元 ϕ をもつ束において二商 a/ϕ, b/ϕ が射影的のとき，二元 a, b は射影的という．最小元の上に素な元を**原子元**または**点**とよぶ．

定理 1·7 モジュラ束において，素な商に射影的な商は素である．

（証明） 転置的な場合をいえば十分である．商 $x\cup y/x$ は素とする．もし $y\cdot\succ y'\cdot\succ x\cap y$ なる元 y' が存在すれば，$x\cap y\succ x\cap y'\succ x\cap y$ ゆえ $x\cap y'=x\cap y$. かつ $x\cup y\succ x\cup y'\succ x$ ゆえ，$x\cup y=x\cup y'$ または $x\cup y'=x$. 後者は成立しない．なぜなら，もし $x\succ y'$ とすれば $x\cap y\succ y'\cap y=y'$ となり $x\cap y\prec\cdot y'$ に反する．よって $y'\prec\cdot y$, $x\cup y=x\cup y'$, $x\cap y=x\cap y'$. モジュラ束であるからかような y' は存在しない．逆も同様である．

定理 1·8 最小元 ϕ をもつモジュラ束において，p を原子元とすれば，元 $p\cup a$ は $p\prec a$ か否かに従って a と一致するかまたは a の上に素である．

（証明） $p\prec a$ ならば $p\cup a=a$. $p\prec a$ でなければ $p\cap a\prec\cdot p$. すなわち $p\cap a=\varphi$. 商 $p/p\cap a$ が素であるからこれと転置的な商 $p\cup a/a$ も素である．

束 L において，元 a を最大元とするあらゆる鎖 $a\cdot\succ a_1\cdot\succ\cdots\cdot\succ a_d$ の長さの最大値 $d(a)$ が存在するとき，$d(a)$ を元 a の**高さ**という．すべての元 $a\in L$ の高さ $d(a)$ が有限で，その最大値 $d(L)$ が存在するとき，$d(L)$ を L の**高さ**という．高さ有限の束では $d(m)=d(L)$, $d(\phi)=0$ となる元 m, ϕ がそれぞれただ一つ存在し，これらが L の最大元，最小元である．元 a の高さはイデアル $(a]$ の高さに等しい．

定理 1·9 高さ有限のモジュラ束において，二商 b/a, b'/a' が射影的ならば，a と b, a' と b' とを結ぶ任意の主鎖をそれぞれ

（1） $a=x_0\prec\cdot x_1\prec\cdot\cdots\prec\cdot x_r=b$

（2） $a'=y_0\prec\cdot y_1\prec\cdot\cdots\prec\cdot y_s=b'$

とするとき，この両主鎖の長さは等しく，x_{i+1}/x_i と y_{j+1}/y_j とは適当な順序で一組ずつたがいに射影的である． ［**Jordan–Hölder の定理**］

（証明） まず $a=a'$, $b=b'$ の場合を証明しよう．長さが r より小さい主鎖で結べる

二元 a, b については定理が成立すると仮定する．$x_1=y_1$ ならば仮定により成り立つ．$x_1 \neq y_1$ とすれば $x_1 \cap y_1=a$．よって $x_1 \cup y_1/x_1$, $x_1 \cup y_1/y_1$ はそれぞれ y_1/a, x_1/a と転置的，したがって素である．それゆえ二つの主鎖

(3) $a \prec\cdot x_1 \prec\cdot x_1 \cup y_1 \prec\cdot \cdots \prec\cdot b$

(4) $a \prec\cdot y_1 \prec\cdot x_1 \cup y_1 \prec\cdot \cdots \prec\cdot b$

について定理は成立する．ただしこの両主鎖において元 $x_1 \cup y_1$ 以後は同一のものをとっておく．帰納法の仮定から（1）と（3），（2）と（4）について成立し，したがって（1）と（2）について成立する．

一般に b/a, b'/a' が射影的の場合を証明するには転置的，すなわち $b=a \cup b'$, $a'=a \cap b'$ の場合をいえば十分である．$x_i \cup b' \succ a \cup b'=b \succ x_{i+1}$ ゆえ，$x_i \cup (x_{i+1} \cap b')=x_{i+1} \cap (x_i \cup b')=x_{i+1}$．また $x_i \cap (x_{i+1} \cap b')=x_i \cap b'$．すなわち二商 x_{i+1}/x_i, $x_{i+1} \cap b'/x_i \cap b'$ は転置的で，$x_{i+1} \cap b'/x_i \cap b'$ もまた素である．したがって

(5) $a'=x_0 \cap b' \prec\cdot x_1 \cap b' \prec\cdot \cdots \prec\cdot x_r \cap b'=b'$

は主鎖となり，（1）と（5）について定理は成立している．（2）と（5）については前半の場合に帰着する．

最小元 ϕ をもつモジュラ束において，元 a の高さが有限のとき，イデアル $[\phi, a]$ に対して上の定理を適用すれば，高さ $d(a)$ は最小元 ϕ と a とを結ぶ主鎖の長さに等しく，それは主鎖のとり方に関しない．そして $x \prec y$, $x, y \in [\phi, a]$ なる二元 x, y を結ぶ主鎖の長さは $d(y)-d(x)$ である．$x \prec\cdot y$ ならば $d(x)<d(y)$ で，y が x の上に素のときかつそのときに限り $d(x)+1=d(y)$ である．特に元 p が原子元であるためには $d(p)=1$ が必要十分である．

定理 1·10 最小元 ϕ をもつモジュラ束において元 $x \cup y$ の高さが有限のとき

$$d(x \cup y)+d(x \cap y)=d(x)+d(y). \qquad \text{[次元定理]}$$

（証明） イデアル $[\phi, x \cup y]$ における転置的な二商 $x \cup y/x$, $y/x \cap y$ に対して前定理を用いれば $d(x \cup y)-d(x)=d(y)-d(x \cap y)$.

最小元 ϕ をもつモジュラ束において，k 個の元 $x_1, \cdots, x_k$ が次の条件をみたすとき**独立**であるという．

$$(x_1 \cup \cdots \cup x_i) \cap x_{i+1}=\phi, \quad i=1, \cdots, k-1.$$

定理 1·11 高さ有限のモジュラ束において，元 $x_1, \cdots, x_k$ が独立であるための条件は $d(x_1 \cup \cdots \cup x_k) = d(x_1) + \cdots + d(x_k)$ である．

（証明） $a_i = x_1 \cup \cdots \cup x_i$，$i = 1, \cdots, k$ とおく．すなわち $a_1 = x_1$，$a_{i+1} = a_i \cup x_{i+1}$．次元定理から $d(a_{i+1}) \leq d(a_i) + d(x_{i+1})$．ゆえに $d(a_k) \leq d(x_1) + \cdots + d(x_k)$．等号が成り立つのは $a_i \cap x_{i+1} = \phi$，$i = 1, \cdots, k-1$ のときに限る．

この定理から高さ有限のモジュラ束において，元の独立性はその順序に無関係であることがわかる．

§1·2　可補モジュラ束

最大元 m，最小元 ϕ をもつ束 L において，$x \cup y = m$，$x \cap y = \phi$ となる二元 x, y をたがいに他の**補元**という．元 x の補元を x^* で表わす．また束 L の区間 $[a, b]$ に対して，$x \cup y = b$，$x \cap y = a$ となる二元 x, y をたがいに区間 $[a, b]$ に対する**相対補元**という．これは部分束 $[a, b]$ における補元である．

定理 1·12 高さ有限のモジュラ束において，区間 $[\phi, b]$ に対する元 x の相対補元を y とすれば，$y \cup b^*$ は x の補元である．

（証明） $x \cup (y \cup b^*) = (x \cup y) \cup b^* = b \cup b^* = m$．また $x \cap y = \phi$，$(x \cup y) \cap b^* = b \cap b^* = \phi$ ゆえ三元 x, y, b^* は独立である．元の独立性はその順序に関係しないから $(y \cup b^*) \cap x = \phi$．

定義 1·4 いずれの元に対しても補元の存在する束を**可補束**という．

定理 1·13 可補束の双対束は可補束である．

定理 1·14 可補モジュラ束のいずれの区間も可補モジュラ束である．

（証明） 区間を $[a, b]$ とし，元 $x \in [a, b]$ の補元を x^* とすれば，$y = (a \cup x^*) \cap b = a \cup (x^* \cap b)$ が x の相対補元である．なぜなら $y \cap x = (a \cup x^*) \cap x = a \cup (x^* \cap x) = a$，$x \cup y = x \cup (x^* \cap b) = (x \cup x^*) \cap b = b$．

定理 1·15 可補モジュラ束の元 a が $d(a) = k$ であるための条件は，k 個の独立な原子元 $p_1, , \cdots, p_k$ が存在して $a = p_1 \cup \cdots \cup p_k$ となることである．

（証明） 十分性は定理 1·11 から明らかである．必要性を証明する．$k=1$ のとき成り立つ．そこで帰納法を用いる．主鎖 $\phi \prec\cdot a_1 \prec\cdot \cdots\cdots \prec\cdot a_k = a$ をとれば，$a_1 = p_k$ は原子元で $p_k \prec a$．区間 $[\phi, a]$ は可補束であるから p_k の相対補元 t をとれば，定理 1·8 から

a は t の上に素，したがって $d(t)=k-1$，帰納法の仮定から $k-1$ 個の独立な原子元 $p_1, \cdots, p_{k-1}$ が存在して $t=p_1\cup\cdots\cup p_{k-1}$. また $t\cap p_k=\phi$ ゆえ，$p_1, \cdots, p_{k-1}, p_k$ は独立で $a=p_1\cup\cdots\cup p_k$.

定理 1·16 高さ有限のモジュラ束が可補束であるための条件は，最大元 m が有限個の原子元の結として表わされることである.

（証明） 必要性は前定理から明らか. 十分性を証明する. 任意の元 $x\neq m$ に対して $p\cap x=\phi$ なる原子元 p が存在する. なぜなら，もし存在しなければ m が原子元 $p_1, \cdots p_k$ の結ゆえ，各 $p_i\prec x$ となり，$x=m$ となるからである. $d(x)=d(m)-1$ のときは定理 1·8 からこの p が x の補元である. よって $d(x)=d(m)-k+1$ のとき x の補元が存在すると仮定しよう. $d(x)=d(m)-k$ のとき $p\cap x=\phi$ なる原子元 p をとれば $p\cup x$ は x の上に素，したがって $d(x\cup p)=d(m)-k+1$. 帰納法の仮定から $x\cup p$ の補元 y が存在する. 定理 1·12 から $p\cup y$ は a の補元である.

可補モジュラ束の二元 a, b が共通の補元 c をもつとき，a, b はたがいに**配景的**であるといい，c を**配景の軸**という.

定理 1·17 高さ有限の可補モジュラ束の二元 a, b が射影的であるための条件は，元の有限列 $a=u_0, u_1, \cdots, u_r=b$ が存在して相隣る二元 u_i, u_{i+1} がたがいに配景的となることである.

（証明） 二元 a, b が軸 c で配景的ならば，二商 a/ϕ, b/ϕ はともに m/c と転置的，したがってたがいに射影的である. 射影性は移動律をみたすから十分なことは証明された. 逆に a/ϕ, b/ϕ は射影的とし，これらを結ぶ列に属する相隣る転置的二商を $x\cup y/x$, $y/x\cap y$ とする. 区間 $[\phi, x\cup y]$, $[\phi, y]$ に対する x, $x\cap y$ の相対補元をそれぞれ u, v とする. 区間 $[\phi, x]$ に対する $x\cap y$ の相対補元 t をとれば，$t\cup y=t\cup(x\cap y)\cup y=x\cup y$. また $d(x)=d(t)+d(x\cap y)$, $d(t\cap y)=d(t)+d(y)-d(t\cup y)=d(x)+d(y)-d(x\cap y)-d(x\cup y)=0$. すなわち $t\cap y=\phi$. よって t は区間 $[\phi, x\cup y]$ に対する y の相対補元である. 定理 1·12 から $x=(x\cap y)\cup t$ は区間 $[\phi, x\cup y]$ に対する v の相対補元となり，二元 u, v は $x\cup(x\cup y)^*$ を軸として配景的である. 区間 $[\phi, a]$, $[\phi, b]$ に対する ϕ の相対補元はそれぞれ a, b であるから必要性は証明された.

定理 1·18 高さ有限の可補モジュラ束において，二原子元 p, q $(p\neq q)$ が配景的であるための条件は第三の原子元 $s\prec p\cup q$ $(s\neq p, q)$ が存在することである.

（証明） a を配景の軸とすれば $d(a\cap(p\cup q))=d(a)+d(p\cup q)-d(a\cup p\cup q)=d(m)-1+2-d(m)=1$. すなわち $s=a\cap(p\cup q)$ は原子元で $s\prec p\cup q$, $s\neq p, q$. 逆に第三の原子元 s が存在すれば二原子元 p, q はともに $[\phi, p\cup q]$ に対する s の相対補元であるから $s\cup(p\cup q)^*$ を軸として配景的である.

定義 1·5 高さ有限の可補モジュラ束 L において，いずれの二原子元もたがいに配景的であるとき，L は**単純**であるという.

定理 1·18 から L が単純であるための条件は原子元の上に素な任意の元 l に対して $p_i\prec l$ となる相異なる三原子元 p_1, p_2, p_3 が存在することである.

注意 この定義は群，環，Lie 環などの代数系に対して普通用いられている単純の概念と同じものになる．その概要を述べよう．一つの束の元の間に束の演算を保つ等値関係 θ が与えられ，すなわち $a\equiv a'$, $b\equiv b'$ $(\mathrm{mod}\,\theta)$ ならば $a\cup b\equiv a'\cup b'$, $a\cap b\equiv a'\cap b'$ $(\mathrm{mod}\,\theta)$ となるとき，θ を束の**合同**とよぶ．束のいずれの二元 a, b に対しても $a\equiv b$（あるいは $a=b$ のときに限り $a\equiv b$）と定義すれば，ともに合同である．この二つを‘自明な合同’とよぶ．束が自明以外の合同をもち得ないとき**単純**であると定義する．高さ有限の可補モジュラ束 L の合同 θ をとる．$a\prec b$, $b\equiv a$ $(\mathrm{mod}\,\theta)$ のとき商 b/a は合同 θ で‘消失する’と称える．θ により商 b/a が消失すれば，これと射影的な商はすべて消失する．いま L の素な商全体において，射影的関係によって類別して得られる類全体を Q とし，合同 θ により消失する類全体を $A(\theta)\subset Q$ とすれば，任意の部分集合 $B\subset Q$ に対して $B=A(\theta')$ となる合同 θ' が一意的に定まることが証明される．したがって L が単純であるための条件は Q がただ一つの類から成ること，すなわちすべての素商がたがいに射影的となることである．任意の素商は ϕ と原子元とから成る商と転置的ゆえ定義 1·5 の条件があれば Q はただ一つの類から成り，逆もまた成立する.

定理 1·19 高さ有限の単純可補モジュラ束において，二元 x, y に対する次の三条件はたがいに同値である.

（i） $d(x)=d(y)$ （ii） x, y が配景的 （iii） x, y が射影的

(証明) 定理 1·17 から (ii)⇒(iii). また定理 1·9 から (iii)⇒(i). よって (i)⇒(ii) を証明する. $d(x)=d(y)=k$, $d(x\cap y)=k-s$ とおけば, $d(x\cup y)=k+s$. 区間 $[\phi, x]$, $[\phi, y]$ に対する $x\cap y$ の相対補元をそれぞれ u, v とすれば $d(u)=d(v)=s$. よって u, v はともに独立な s 個の原子元の結 $u=p_1\cup\cdots\cup p_s$, $v=q_1\cup\cdots\cup q_s$ として表わされる. 第三の原子元 $t_i\prec p_i\cup q_i$, $i=1, \cdots, s$ をとり $a=t_1\cup\cdots\cup t_s$ とおけば, $p_i\cup t_i=p_i\cup q_i$ ゆえ $x\cup a=(x\cap y)\cup u\cup a=(x\cap y)\cup u\cup v=x\cup y$. 次元定理から $d(a)=s$, かつ三元 $x\cap y$, u, a は独立である. よって $x=(x\cap y)\cup u$ は区間 $[\phi, x\cup y]$ に対する a の相対補元である. y も同様であるから, x, y は $a\cup(x\cup y)^*$ を軸として配景的である.

§1·3 射 影 幾 何

二つの集合 M, N および関係 $\Gamma\subset M\times N$ が指定されているとする. M の元を**点**, N の元を**直線**と名づけ, 点 p, 直線 l に対して $(p, l)\in\Gamma$ のとき点 p は**直線** l **上にある**, あるいは直線 l は**点** p **を通る**と称えることにする. 二直線 l, g が同一の点 p を通るとき, l, g は**交わる**といい, p を l, g の**交点**という.

定義 1·6 上の集合系 $\mathfrak{G}=\{M, N, \Gamma\}$ が次の条件をみたすとき, $\mathfrak{G}$ を**射影系**という:

PG 1 相異なる二点を通る直線はただ一つ存在する.

射影系において, 相異なる二点 p, q を通る直線を pq で表わす. 明らかに $pq=qp$, また点 $r(\neq p)$ が直線 pq 上にあれば $pr=pq$.

二つの射影系 $\mathfrak{G}=\{M, N, \Gamma\}$, $\mathfrak{G}'=\{M', N', \Gamma'\}$ において 1–1 対応 φ : $M\to M'$, φ : $N\to N'$ が存在して $(p, l)\in\Gamma \Leftrightarrow (\varphi p, \varphi l)\in\Gamma'$ となるとき, $\mathfrak{G}$ と $\mathfrak{G}'$ とは**同型**であるといい, $\mathfrak{G}\approx\mathfrak{G}'$ で表わす.

射影系の一つの直線 l 上にある点全体を**点列**といい, $S(l)$ で表わす. 明らかに

定理 1·20 射影系の二直線 l, g において, $S(l)$ が少なくとも相異なる二点を含むとき, $S(l)=S(g)$ ならば $l=g$ である.

そこでいま条件

PG 0 いずれの直線も少なくとも相異なる二点を通る.

を導入すれば

定理 1·21 PG0 をみたす射影系 $\mathfrak{G}=\{M, N, \Gamma\}$ では直線と点列とは 1-1 対応をなし，集合 N は M に含まれる集合系として実現され，関係 Γ は集合の包含関係として表わされる．

この場合，混乱のおそれがない限り直線 l と点列 $S(l)$ とは同一視する．

射影系 $\mathfrak{G}=\{M, N, \Gamma\}$ において M の部分集合 S が次の条件をみたすとき S を（**線型**）**面**（または線型部分空間）という：$p, q \in S$, $p \neq q$ ならば $S(pq) \subset S$. たとえばただ一点 $\{p\}$，直線 $S(l)$，全空間 M などは面である．明らかに

定理 1·22 面を元とする任意の集合系の共通部分はやはり面である．

同一の直線上にある点集合は**共線**であるといい，同一の点を通る直線集合は**共点**であるという．三点 p, q, r が共線でないとき，六つの元から成る集合 $\Delta(p,q, r)=\{p, q, r, pq, qr, rp\}$ を**三角形**という．三角形に属する点を**頂点**，直線を**辺**という．PG 1 から三角形の三辺は共点ではない．

定義 1·7 射影系 $\mathfrak{G}$ が次の条件をみたすとき**一般射影幾何**という：

PG 2 三角形の頂点を通らない直線がその三角形の二辺と交わるならば，残りの一辺とも交わる[1]．

定義 1·8 一般射影幾何がさらに次の条件をみたすとき**射影幾何**という：

PG 3 任意の直線は少なくとも相異なる三点を通る．

射影幾何では PG 0 がみたされるから定理 1·21 が成り立つ．

定義 1·9 射影幾何が次の条件をみたすとき**有限次元**であるという：

PG 4 有限個の点が存在し，それらを含む任意の面は全空間を含む．

上に述べた条件 PG 0〜PG 4 を射影幾何の**公理**という．

一般射影幾何 $\mathfrak{G}=\{M, N, \Gamma\}$ において，二つの集合 $A, B\subset M$ で**張られる**集合 $A\vee B\subset M$ とは次のように定義されるものである．空集合 ϕ に対しては $\phi\vee A=A\vee\phi=A$. 一点 p に対して $p\vee p=p$. それ以外の場合 $A\vee B$ は次の条件をみたす M の点 p 全体とする：二点 $a\in A$, $b\in B$, $a\neq b$ が存在して，$p\in S(ab)$.

---

1) 一般射影幾何では PG 0 は成立しなくてもよい．

明らかに対称律 $A\vee B=B\vee A$ が成り立つ．また $A,\ B\subset A\vee B$ であり，かつ $A,\ B$ を含む任意の面は $A\vee B$を含む．相異なる二点 $p,\ q$ に対して $p\vee q=S(pq)$ である．また $A\neq\phi$ のとき

$$(1)\qquad A\vee B=\bigcup_{a\in A}(a\vee B)\qquad (\text{和集合}).$$

補題 結合律 $A\vee(B\vee C)=(A\vee B)\vee C$ が成り立つ．

（証明）（1）により，$A,\ B,\ C$ がいずれも一点である場合を証明すれば十分である．さらに対称律を考慮すれば，共線でない三点 $p,\ q,\ r$ に対して

$$p\vee(q\vee r)\subset(p\vee q)\vee r$$

が成り立つことをいえば十分である．任意の点 $x\in p\vee(q\vee r)$ をとれば，点 $s\in q\vee r$ が存在して $x\in p\vee s$．もし $s=q$ または $x=r$ であれば明らかに $x\in(p\vee q)\vee r$．よって $s\neq q,\ x\neq r$ と仮定する．$\varDelta(p,\ q,\ s)$ について PG 2 を用いれば，二直線 $r\vee x,\ q\vee p$ は共通点 y をもつ．$y\in p\vee q,\ x\in y\vee r$ ゆえ $x\in(p\vee q)\vee r$.

上の証明から，公理 PG 2 は代数的には演算 $\vee$ に関する結合律を与えるものということができる．

定理 1·23 一般射影幾何において，$S,\ T$ が面であれば $S\vee T$ もまた面である．

（証明） 二点 $p,\ q\in S\vee T$ をとれば，$p\in s\vee t,\ q\in s'\vee t'$ なる点 $s, s'\in S,\ t, t'\in T$ が存在する．任意の点 $x\in p\vee q$ に対して $x\in s''\vee t''$ となる点 $s''\in S,\ t''\in T$ が存在することを示せばよい．対称律，結合律から

$$x\in(s\vee t)\vee(s'\vee t')=(s\vee s')\vee(t\vee t').$$

定理 1·24 一般射影幾何 $\mathfrak{G}$ における面全体 $L(\mathfrak{G})$ は包含関係で完備なモジュラ束をつくる．そして交 $S\cap T$ は共通部分，結 $S\cup T$ は $S\vee T$ と一致する．

（証明） 集合系 $L(\mathfrak{G})$ は定理 1·2 の条件をみたしているから完備束をつくり，交は共通部分となる．また前定理から $S\cup T=S\vee T$．片側モジュラ律は当然成り立っているから，三面 $S,\ T,\ U$ において $S\subset U$ ならば $(S\cup T)\cap U\subset S\cup(T\cap U)$ となることを示せばよい．任意の点 $x\in(S\cup T)\cap U$ をとれば $x\in S\vee T,\ x\in U$．よって $x\in s\vee t$ なる点 $s\in S,\ t\in T$ が存在する．$x=s$ のときは自明であるから $x\neq s$ とする．$t\in x\vee s\subset U\vee S=U$．すなわち $t\in U\cap T$．ゆえに $x\in S\cup(T\cap U)$.

定理 1·25 $\mathfrak{G}$ が有限次元射影幾何ならば $L(\mathfrak{G})$ は高さ有限の単純可補モジュラ束である．

（証明） 公理 PG 4 からモジュラ束 $L(\mathfrak{G})$ は高さ有限，かつ定理 1·16 から可補束である．定理 1·18 によれば．公理 PG 3 は $L(\mathfrak{G})$ が単純なることを示している．

§ 1·4 束と射影幾何

前 § と逆に束から射影幾何を構成することを考えよう．

定理 1·26 最小元 ϕ をもつモジュラ束 L において，原子元 p の全体を M，原子元の上に素な元 l の全体を N とし，$p \prec l$ のとき $(p, l) \in \Gamma$ と定めれば，集合系 $\mathfrak{G}(L)=\{M, N, \Gamma\}$ は一般射影幾何である．

（証明） $\mathfrak{G}(L)$ の点，直線とはそれぞれ $d(p)=1$，$d(l)=2$ なる元 $p, l \in L$ である．定理 1·8 から，相異なる二点 p, q を通るただ一つの直線は $p \cup q$ で与えられ PG 1 をみたす．$\varDelta(p, q, r)$ をとり $q' \prec p \cup q$，$r' \prec p \cup r$，$q' \neq p$，$l=q' \cup r'$ とすれば，$q', r' \prec p \cup q \cup r$ ゆえ $l \cup q \cup r = p \cup q \cup r$．$d(l \cap (q \cup r)) = d(l) + d(q \cup r) - d(l \cup q \cup r) \geqq 2+2-d(p \cup q \cup r)=1 \neq 0$．よって PG 2 をみたす．

一般射影幾何 $\mathfrak{G}$ が与えられれば完備モジュラ束 $L(\mathfrak{G})$ が定まり，逆に最小元をもつモジュラ束 L から一般射影幾何 $\mathfrak{G}(L)$ が定まる．しかし一般には同型関係

$$\mathfrak{G} \approx \mathfrak{G}(L(\mathfrak{G})), \qquad L \approx L(\mathfrak{G}(L))$$

が成立するとはいえない．これらが成り立つ場合には，射影系 $\mathfrak{G}$ と束 L とは同一の数学的構造を定義するものとみなすことができる．

定理 1·27 一般射影幾何 $\mathfrak{G}$ が公理 PG 0 をみたせば，$\mathfrak{G} \approx \mathfrak{G}(L(\mathfrak{G}))$．

（証明） $\mathfrak{G}$ の直線 l と直線 $S(l)$ とは 1–1 対応をなし，$S(l)$ が $\mathfrak{G}(L(\mathfrak{G}))$ の直線である．

定理 1·28 L が可補モジュラ束であれば，一般射影幾何 $\mathfrak{G}(L)$ は公理 PG 0 をみたす．

（証明） $\mathfrak{G}(L)$ の直線 l に対して L の区間 $[\varphi, l]$ は可補モジュラ束である．直線の定義から一点 $p \prec l$ は存在し，さらに $[\varphi, l]$ に対する p の相対補元 q が存在し，これは p と異なる点である．

定理 1·29　L が高さ有限の単純可補モジュラ束であれば，$\mathfrak{G}(L)$ は有限次元射影幾何である．そして元 $a\in L$ に対して，$p\prec a$ なる原子元全体 $S(a)$ を対応させることにより $L\approx L(\mathfrak{G}(L))$．

（証明）L が単純であるから $\mathfrak{G}(L)$ は PG 3 をみたす．$S(a)$ が $\mathfrak{G}(L)$ の面であることは明らかであるから，$\mathfrak{G}(L)$ の任意の面 S はかようなものに限ることをいえばよい．L の独立な原子元の個数は高々 $d(L)$ 個であり，任意の $d(L)$ 個の独立な原子元の結は L の最大元である．よって面 S に対して有限個の原子元 $p_1, \cdots, p_r\in S$ が存在して，すべての原子元 $p\in S$ が $p\prec p_1\cup\cdots\cup p_r=a$ となるようにできる．すなわち $S\subset S(a)$ である．次に $S(a)\subset S$ を証明しよう．$p=p_1$ ならば $p\in S$．そこで $p\prec p_1\cup\cdots\cdot\cup p_{r-1}=t$ ならば $p\in S$ と仮定して帰納法を用いる．任意の点 $q\prec a=t\cup p_r$ をとる．$q\prec t$ または $q=p_r$ のときは明らかに $q\in S$．よって $q\cap t=\phi$, $q\neq p_r$ とする．$t\prec\cdot a$ ゆえ $d(t)=d(a)-1$. $d((q\cup p_r)\cap t)=d(q\cup p_r)+d(t)-d(q\cup p_r\cup t)=2+d(t)-d(a)=1$. すなわち元 $u=(q\cup p_r)\cap t\prec t$ は原子元である．帰納法の仮定から $u\in S$．また $p_r\cap t=\phi$ ゆえ $u\neq p_r$, かつ $u\prec q\cup p_r$. よって $q\prec u\cup p_r$. S は面であるから $q\in S$．すなわち $S=S(a)$ である．したがって対応 $a\to S(a)$ により $L\approx L(\mathfrak{G}(L))$ となる．また定理 1·15 から $\mathfrak{G}(L)$ は PG 4 をみたす．

§ 1·5 射 影 空 間

定理 1·25, 1·27, 1·29 により，高さ有限の単純可補モジュラ束と有限次元射影幾何とは同一の数学的構造を与えることがわかった．それゆえかような束構造をも射影幾何とよぶことにする．

有限次元射影幾何 $\mathfrak{G}=\{M, N, \Gamma\}$ が指定されたとき，集合 M を**射影空間**という．あるいは高さ有限の単純可補モジュラ束 L が指定されたときその最大元 M を射影空間と定義しても同じである．射影空間 M の面 $S(a)$, $a\in L$ に束構造としてイデアル $[\phi, a]$ を指定すれば，$S(a)$ はまた射影空間である．束 L またはイデアル $[\phi, a]$ の高さを h とするとき整数 $h-1$ を射影空間 M または面 $S(a)$ の**次元**という．直線は1次元，点は0次元，空集合 ϕ は -1 次元である．また2次元面を**平面**，空間 M の下に素な面を**超平面**という．射影幾何 $\mathfrak{G}$, $\mathfrak{G}'$ において，$\mathfrak{G}$ が $\mathfrak{G}'$ のイデアル $[\phi, a]$ と同型であるとき $\mathfrak{G}$ は

$\mathfrak{G}'$ に**埋めこまれる**という．射影空間の面 S, T に対しては次元定理

$$\dim(S\cup T)+\dim(S\cap T)=\dim S+\dim T \qquad (\dim \text{ は面の次元})$$

が成り立つ．面 S が r 次元であるための条件は S が $r+1$ 個の独立な点で張られることである．束の単純性から，さらに次のことがいえる．

定理 1·30 r 次元面 $S(r\geq 1)$ に含まれる独立な $r+1$ 個の点に対して，適当な一点を加えてこの $r+2$ 個の点の中いずれの $r+1$ 個も独立であるようにできる．

（証明） $r=1$ のときは PG 3．帰納法を用いる．独立な点 $p_0, p_1, \cdots, p_r \in S$ に対して $T=p_1\cup\cdots\cup p_r$ とおけば $\dim T=r-1$．帰納法の仮定から点 $q\in T$ をとり $p_1, \cdots, p_r$, q の中いずれの r 個も独立であるようにできる．直線 p_0q 上の第三の点 $e(\neq p_0, q)$ をとれば $p_0, p_1, \cdots, p_r$, e が求める $r+2$ 個の点である．

この定理は次の章で座標を導入するための基礎となる．また次の定理は基本的である．

定理 1·31 n 次元射影幾何を束とみるとき，その双対束もまた n 次元射影幾何である．**［双対原理］**

（証明） 可補モジュラ束 L の双対束 L^* もやはり可補モジュラ束で $d(L)=d(L^*)$．よって L が単純ならば L^* も単純であることをいえばよい．$(n-2)$ 次元面 T をとり，直線 l を T の補元とする．相異なる三点 $p_1, p_2, p_3\in l$ をとり，$S_i=T\cup p_i$, $i=1, 2, 3$ とおけば，S_1, S_2, S_3 は T を含む相異なる三超平面である．よって L^* は単純．

束構造 L の射射空間 M に対して，双対束 L^* の射影空間 M^* を M の双対射影空間という．M^* は M の超平面全体とみなされる．A を射影幾何におけるある概念（命題，用語など）とする．M^* における A を M における A の**双対概念**という．n 次元射影幾何に対して一般的に成立する定理があれば，その双対命題も成立することが定理 1·31 からわかる．これがいわゆる双対原理である．

n 次元射影空間 M において，面の双対概念を M の**星**という．r 次元星 Σ は一つの $n-r-1$ 次元面 S を含む超平面全体とみなされる．S を Σ の**中心**という．また Σ に束構造 $[S, M]$ あるいは $[S, M]^*$ を指定して得られる射

影幾何をも星とよぶことがある.

任意の自然数 n に対して n 次元射影幾何は存在する. すなわち

定理 1·32 体 K（積に関しては一般に非可換）上の（$n+1$）次元右ベクトル空間 $V_{n+1}(K)$ の線型部分空間全体のなす束 $\mathfrak{P}_n(K)$（順序は包含関係）は n 次元射影幾何である.

（証明） $V_{n+1}(K)$ を加法に関する群とみるとき, 線型部分空間は正規部分群である. 定理 1·6, 定理 1·4 から $\mathfrak{P}_n(K)$ はモジュラ束である. また高さ $n+1$ の可補束であることは明らか. $V_{n+1}(K)$ 内の任意の 2 次元線型空間 l をとりその基底を $\boldsymbol{a}, \boldsymbol{b}$ とすれば, それぞれベクトル $\boldsymbol{a}, \boldsymbol{b}, \boldsymbol{a}+\boldsymbol{b}$ を含む 1 次元線型空間は直線 l 上の相異なる三点である. すなわち束 $\mathfrak{P}_n(K)$ は単純である.

$\mathfrak{P}_n(K)$ を'体 K 上の n 次元射影幾何', または'$V_{n+1}(K)$ 上の射影幾何'とよぶ.

右ベクトル空間 $V_{n+1}(K)$のかわりに左ベクトル空間 $V^*_{n+1}(K)$をとっても同様に射影幾何 $\mathfrak{P}^*_n(K)$ を得る. 体 K の**逆体** K^* とは次のものである：K^* は集合としては K と同一, また加法も同じとする. 積については元 $ab \in K$ を K^* においては ba と定める. 体 K, K' において $K^* \approx K'$ のとき, K と K' とは**逆同型**であるという. 明らかに $\mathfrak{P}^*_n(K) \approx \mathfrak{P}_n(K^*)$ である.

一般に, 任意の有限次元射影幾何はある例外（それは $n=2$ のとき起る）を除いて $\mathfrak{P}_n(K)$ と同型, すなわち射影幾何は自然数 n と体 K とで分類されることがわかる. これは次の章で証明する.

第 2 章　射影座標，射影変換

§2·1 配 景 写 像

n 次元射影空間 P_n $(n \geq 2)$ の二つの r 次元面 $(r < n)$ を α, β とすれば，定理 1·19 からこれらはたがいに配景的である．一つの配景の軸 c をとり，任意の点 $x \in \alpha$ に対して点 $x' = (x \cup c) \cap \beta \in \beta$ を対応させる写像を軸 c の**配景写像**といい，$\pi_{\beta\alpha}(c)$ または $\pi(c) : \alpha \to \beta$ で表わす．x' が点であることは次元定理から明らかで，$\pi(c) : \alpha \to \beta$ は 1-1 写像である．したがって P_n の二つの r 次元面に含まれる点の濃度は等しい．定義から容易に

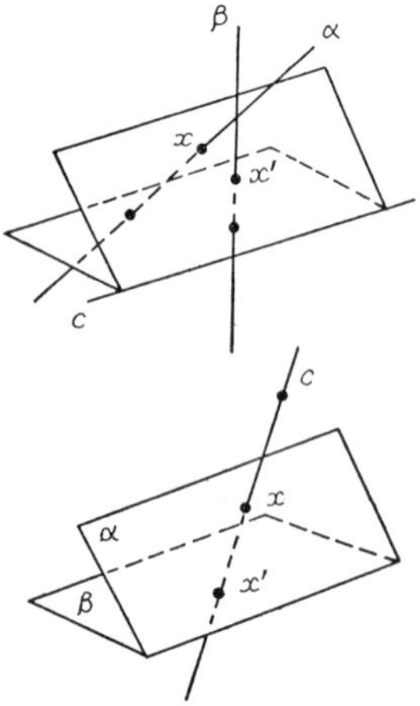

図　1

定理 2·1　配景写像の基本的な性質として次が成り立つ：

（i）　点 $x \in \alpha \cap \beta$ に対して $\pi_{\beta\alpha}(c)x = x$.

（ii）　$\pi_{\beta\alpha}(c)^{-1} = \pi_{\alpha\beta}(c)$

（iii）　$\pi_{\beta\alpha}(c) = \pi_{\beta\gamma}(c) \circ \pi_{\gamma\alpha}(c)$

（γ は c の補元）

（iv）　$\pi_{\beta\alpha}(c) = \pi_{\beta\alpha}(c \cap s)$.

（右辺は空間 $s = \alpha \cup \beta$ 内での配景写像）．

とくに点を軸とする配景写像はよく用いられる．これに関して

定理 2·2　p, q を点とし，点 $x \in \alpha$ は $\alpha \cap \beta$ に含まれないとする．三点 p, q, x が共線であるための条件は　$\pi_{\alpha\beta}(q) \circ \pi_{\beta\alpha}(p)x = x$.

（証明）　必要性は明らか．十分性を証明する．$p, x, \pi_{\beta\alpha}(p)x$ は共線，また $q, \pi_{\beta\alpha}(p)x, x$ も共線であるから，p, q, x は共線．

定義 2·1　P_n $(n \geq 2)$ の二直線 l, g 上の点の 1-1 対応 $\varphi : l \to g$ で，有限個の配景写像の結合として表わされるものを**射影変換**という．

注意 この定義は r 次元面 $\alpha, \beta\,(r<n)$ に対してもそのまま拡張できるが $r=n$ に対しては使えない．面および空間自身の射影変換はあとで別な定義を与える．(§ 2·6 参照.)

定理 2·3 二直線 l, g 上にそれぞれ相異なる三点 $a, b, c\,;\,a', b', c'$ を任意にとれば，$\varphi a=a'$, $\varphi b=b'$, $\varphi c=c'$ となる射影変換 $\varphi : l\to g$ が存在する．

(証明) [1] $l\neq g$, $\phi\neq l\cap g=a=a'$ のとき．$\varDelta(a, b, b')$ について公理 PG 2 を用いれば，二直線 bb', cc' は点 s で交わる．$\varphi=\pi_{gl}(s)$ が求める射影変換である．$b=b'$ または $c=c'$ のときも同様.

[2] $l\neq g$, $a\neq a'$, $b\neq b'$, $c\neq c'$ のとき．$l\cap g\neq a'$ と仮定してよい．直線 aa' 上の点 $p(\neq a, a')$ をとり，a' を通り平面 $l\cup aa'$ に含まれる直線 $h(\neq g, aa')$ をとる．配景写像 $\pi_{hl}(p)$ と二直線 h, g に対する [1] の変換とを結合すれば求めるものである．

[3] $l=g$ のとき．l 上にない点 p および平面 $p\cup l$ に含まれる直線 $h(\neq l, p\notin h)$をとり，配景写像 $\pi_{hl}(p)$ をとれば，[2] または [1] に帰着する．

定理 2·4 P_n の二直線 l, g の間の任意の射影変換は，部分空間（面）における点を軸とする配景写像の結合として表わされる．

(証明) 配景写像 $\pi_{gl}(c)$, $\dim c=n-2$ に対して証明すれば十分である．$l=g$ ならば $\pi_{gl}(c)$ は恒等変換ゆえ自明．$l\neq g$, $l\cap g\neq\phi$ のとき，$l\cup g$ は平面，よって $c\cap(l\cup g)=p$ は点である．定理 2·1 (iv) から $\pi_{gl}(c)=\pi_{gl}(p)$．また $l\cap g=\phi$ のとき $\dim(l\cup g)=3$ で，$c\cap(l\cup g)=k$ は直線である．二点 $x\in l$, $y\in g$, $\pi_{gl}(c)x\neq y$ をとれば，直線 $h=x\cup y$ は c の補元である．定理 2·1 (ii), (iv) から $\pi_{gl}(c)=\pi_{gl}(k)=\pi_{gh}(k)\circ\pi_{hl}(k)=\pi_{gh}(q)\circ\pi_{hl}(p)$．そして $p=k\cap(l\cup h)$, $q=k\cap(h\cup g)$ は点である．

注意 点 p, 二直線 l, g に対し配景写像 $\pi_{gl}(p)$ があれば，必ず $l\cap g\neq\phi$ である．なぜなら直線 g は平面 $p\cup l$ に含まれなければならない．

定理 2·5 3次元面 P_3 内の二平面 α, β に含まれない点を $q\in P_3$ とし，平面 α 内の二直線 l, g 上にない点を $p\in\alpha$ とする．点 p, 直線 l, g の配景写像 $\pi(q) : \alpha\to\beta$ による像をそれぞれ p', l', g' とすれば

$$\pi_{g'l'}(p')=\pi_{g'g}(q)\circ\pi_{gl}(p)\circ\pi_{ll'}(q).$$

(証明) $x\in l$, $\pi_{gl}(p)x=y\in g$ とする．三点 p, x, y は共線であるからこれら三点の $\pi(q)$ による像 p', x', y' もまた共線である．すなわち

$$\pi_{g'l'}(p')x'=y'=\pi_{g'g}(q)\circ\pi_{gl}(p)\circ\pi_{ll'}(q)x'$$

二つの三角形 Δ, Δ' の頂点と頂点，辺と辺との間の単体対応が与えられているとする．すなわち頂点 $a, b\in\Delta$ に対して $\kappa(a)=a'$, $\kappa(a\cup b)=\kappa(a)\cup\kappa(b)=a'\cup b'$ であるとする．

定理 2·6 P_n $(n\geqq 3)$ 内の二つの三角形の間に単体対応が与えられ，対応する頂点を結ぶ三直線が共点ならば，対応する辺は交わり，その三交点は共線である．[**Desargues の定理**]

（証明） 二つの三角形を Δ, Δ'，単体対応を $\kappa: \Delta\to\Delta'$，対応頂点を結ぶ三直線の交点を o とする．Δ, Δ' を含む平面をそれぞれ α, α' とするとき，$\alpha\neq\alpha'$ ならば PG 2 から対応する辺は交わり，これら三交点は明らかにいずれも交線 $\alpha\cap\alpha'$ 上にある．次に $\alpha=\alpha'$ のとき，α に含まれない点 o_1 をとり，直線 oo_1 上の第三の点を o_2 とする．頂点 $a\in\Delta$ をとり $\Delta(o_1, o, a)$ に対して PG 2 を用いれば点 $\bar{a}=o_1a\cap o_2a'$ が定まる．かような点 $\bar{a}$ を頂点とする三角形を $\bar{\Delta}$ とすれば，三角形 Δ, $\bar{\Delta}$，点 o_1（また Δ', $\bar{\Delta}$, 点 o_2）に対して $\alpha\neq\alpha'$ の場合に帰着し，対応辺の交点は平面 α と $\bar{\Delta}$ の平面との交わりの上にある．

注意 1 $n\geqq 3$, $\alpha=\alpha'$ のときこの定理の双対は平面 α 内でのこの定理の逆を与える．

注意 2 $n=2$ のとき点 o_1 がとれないから上の証明は成立しない．事実この命題が成り立たない2次元射影幾何（これを非 Desargues 幾何という）の存在が知られている．しかし本講では非 Desargues 幾何は扱わないこととし，以下の所論では $n=2$ に対してはこの定理を仮定としていれる．(§ 2·5，定理 2·27 参照.)

系 相異なる三直線 l, g, h が共点のとき任意の配景写像 $\pi_{gl}(p)$, $\pi_{hg}(q)$ $(p, q$ は点）に対し，$\pi_{hg}(q)\circ\pi_{gl}(p)=\pi_{hl}(r)$ となる点 r が存在する．しかも $r\in p\cup q$.

（証明） $p=q$ のときは $p=q=r$ とすればよい．$p\neq q$ とする．一点 $a\in l$ を固定し，点 $x\in l$ に対して $x'=\pi_{gl}(p)x$, $x''=\pi_{hg}(q)x'$ とおく．$\Delta(a, a', a'')$, $\Delta(x, x', x'')$ に対する Desargues の定理から点 $r=aa''\cap xx''\in pq$ が定まる．すなわちすべての点 $x\in l$ に対して直線 xx'' は定点 $r=pq\cap aa''$ を通る．

補題 1 P_n において，l, g, h は相異なる直線とする．配景写像 $\pi_{gl}(p)$, $\pi_{hg}(q)$ $(p, q$ は点）が与えられたとき，交点 $l\cap g$ を通り，h と交わり，かつ

q を含まない任意の直線 $g'(\neq l)$ に対して，点 p' が存在して

$$\pi_{hg}(q)\circ\pi_{gl}(p)=\pi_{hg'}(q)\circ\pi_{g'l}(p'),\quad p'\in p\cup q$$

（証明） 三直線 l, g, g' は共点であるから，前系により $\pi_{g'g}(q)\circ\pi_{gl}(p)=\pi_{g'l}(p')$ となる点 $p'\in p\cup q$ が存在する．定理 2·1 (iii) から

$$\pi_{hg}(q)\circ\pi_{gl}(p)=\pi_{hg'}(q)\circ\pi_{g'g}(q)\circ\pi_{gl}(p)=\pi_{hg'}(q)\circ\pi_{g'l}(p')$$

補題 2 P_n において 変換 $\varphi=\pi_{hg}(q)\circ\pi_{gl}(p)$ (l, g, h は直線，p, q は点) が与えられたとき，$\varphi x\neq y$，かつ $l\cap h$ に含まれない任意の二点 $x\in l, y\in h$ に対して，点 p', q' が存在して $\varphi=\pi_{hg'}(q')\circ\pi_{g'l}(p')$．ただし $g'=xy$ [1]．

（証明） 仮定から $l\neq h, x\neq y$ としてよい．三直線 l, g, h が共点ならば定理 2·6 系から自明．そこで共点でないとする．$l\cap g=x^*, g\cap h=y^*$ とおけば，x^*, y^* は相異なる二点で $x^*\notin h, y^*\notin l$.

［1］ 直線 $g^*=x^*y$ が点 q を通らないとき，補題 1 から $\varphi=\pi_{hg^*}(q)\circ\pi_{g^*l}(p')$ なる点 $p'\in p\cup q$ が存在する．変換 $\varphi^{-1}=\pi_{lg^*}(p')\circ\pi_{g^*h}(q)$ をとれば，$y=h\cap g^*$ であるから $x\neq\varphi^{-1}y=\pi_{lg^*}(p')y$. よって直線 $g'=xy$ は点 p' を通らない．補題 1 から $\varphi^{-1}=\pi_{lg'}(p')\circ\pi_{g'h}(q')$ なる点 $q'\in p'\cup q$ が存在して定理が成り立つ．また直線 xy^* が点 p を通らないときは，変換 φ^{-1} についてこの結果を適用すればよい．

［2］ $p\in xy^*$ かつ $q\in x^*y$ の場合を証明すればよい．p, x, y^* および q, y, x^* がともに共線であるから $\varphi x=y^*, \varphi^{-1}y=x^*$ となる場合である．もし $x=x^*$ ならば $y=y^*$, $g'=g$ となり自明．よって $x\neq x^*, y\neq y^*$ としてよい．直線 l 上には x, x^* と異なる第三の点 $s\in l$ が存在する．もし $l\cap h\neq\phi$ ならば s として交点 $l\cap h$ をとる．そのとき三点 p, q, s が共線か否かにしたがって $s=\varphi s$ または $s\neq\varphi s$ である．まず共線と仮定すれば二通りの場合が起る．

［3］ 三点 s, y^*, y と異なる点 $z\in h$ が存在するとき，補題 1 を用いて直線 g を次の順序で直線 g' へ移せばよい：$g=x^*y^*, x^*z, zx, xy=g'$.

［4］ 直線がただ三点しか含まないとき，$l=\{x, x^*, s\}, h=\{y, y^*, s\}$ である．点 $u=xy^*\cap x^*y$ をとれば $\varphi=\pi_{hl}(u)$．しかも［2］のはじめの仮定から $u=p=q$ となり，定理 2·1 (iii) から自明である．

［5］ 最後に $\phi\neq l\cap h=s\neq\varphi s$ または $l\cap h=\phi$ の場合が残った．このとき［3］の証

1） 直線 $x\cup y$ を簡単に xy と示す．

明において z の代りに φs とすればよい．

定理 2·7 相異なる二直線の射影変換は点を軸とする高々二つの配景写像の結合として表わされる．

（証明） 定理 2·4 により任意の射影変換 $\varphi: l\to h$ は有限個の直線 $l=l_1, l_2, \cdots, l_{m+1}=h$, $l_i\neq l_{i+1}$, $l_i\cap l_{i+1}\neq\phi$ $(i=1,\cdots,m)$ $(l_i\cap l_{i+1}=v_i$ とおく）をとり，点を軸とする m 個の配景写像の結合 $\varphi=\pi(p_m)\circ\cdots\circ\pi(p_1)$, $\pi(p_i): l_i\to l_{i+1}$, (p_i は点) $(i=1,\cdots,m)$ として表わすことができる．また仮定から $l_1\neq l_{m+1}$. 直線がただ三点しか含まないときは，定理 2·3 の証明［1］，［2］から φ は高々二個の配景写像の結合で表わされる．そこで直線は少なくとも相異なる四点を含むと仮定する． まず $m=3$ の場合を証明する．

［1］ l_1, l_2, l_3 が相異なりかつ共点であるときは定理 2·6 系により $\pi(p_2)\circ\pi(p_1)=\pi(p')$ となる点 p' が存在して，$\varphi=\pi(p_3)\circ\pi(p')$. また l_2, l_3, l_4 が相異なりかつ共点であるときも同様である．

［2］ $l_1=l_3$, $v_1=v_2\notin l_4$ のとき． $q\notin l_2\cap l_4$, $q\neq l_3\cap l_4=v_3$, $q\neq\varphi v_1$ なる点 $q\in l_4$ をとり，$l_3^*=v_1q$ とおく． 写像 $\pi(p_3)\circ\pi(p_2)$ に対して補題 2 を用い， l_3 を l_3^* でおきかえれば l_1, l_2, l_3^* について［1］に帰着する．また $l_2=l_4$, $v_2=v_3\notin l_1$ のときも同様である．

［3］ $l_1=l_3$, $l_2=l_4$ のとき．交点 $v_1=v_2=v_3$ を通る直線を $g(\neq l_1, l_2)$ とし， 配景写像 $\pi(r_1): g\to l_1$ (軸 $r_1\in l_1\cup g$ は点) をとる．変換 $\varphi\circ\pi(r_1): g\to l_4$ を考え，定理 2·6 系を繰り返し用いれば， 点 r_{i+1} $(i=1, 2, 3)$ が存在して $\pi(p_i)\circ\pi(r_i)=\pi(r_{i+1}): g\to l_{i+1}(i=1, 2, 3)$. ゆえに $\varphi=\pi(r_4)\circ\pi(r_1)^{-1}$.

［4］ 以上で l_1, l_2, l_3 または l_2, l_3, l_4 が共点の場合は証明された． よってそうでないとする．このとき四直線はすべて相異なる． l_1, l_2, l_4 および l_1, l_3, l_4 がともに共点ならば上の場合になるから， l_1, l_2, l_4 は共点でないと仮定してよい． $s\notin l_2$, $\varphi v_1\neq s$ なる点 $s\in l_4$ をとり補題 2 をもちいて直線 l_3 を直線 $l_3^*=v_1s$ でおきかえれば，l_1, l_2, l_3^* は共点となり上の場合に帰着する．以上で $m=3$ の場合は証明された．

［5］ $m>3$ のとき．もし $l_i\neq l_{i+3}$ なる i があれば， 上の方法で， $l_i\to l_{i+3}$ の写像の数を 1 つ減じ得て， m より少ない場合に直せる．つねに $l_i=l_{i+3}$ $(i=1,\cdots,m-2)$ ならば l_1, l_2, l_3 は相異なる三直線であるから，補題 2 を用いれば， l_2 を別の直線 l_2^* におきかえることができ， $l_2^*\neq l_2=l_5$ となり，上の場合に帰着する．

系 同一の直線上の射影変換は点を軸とする高々三つの配景写像の結合として表わされる.

§ 2·2 Staudt 代数

P_n の四点 a_1, a_2, a_3, a_4 は同一平面上にあって，そのいずれの三点も共線でないとする．この四点および六直線 a_ia_j $(i, j=1, 2, 3, 4 ; i\neq j)$ から成る集合を**完全四角形**と名づけ，点を頂点，直線を辺という．また同一の頂点を通らない二辺はたがいに他の**対辺**という．単体対応の定義は三角形のときと同じである．平面における完全四角形の双対概念を**完全四辺形**という．完全四角形，完全四辺形に関して以下述べる諸性質は，いずれも公理および今までの基礎的な定理から容易に導かれるので証明は省略する．まず Desargues の定理および その逆（平面上における）を用いて

定理 2·8 二つの完全四角形に単体対応が与えられ，対応する辺の交点のうち，五交点が共線であれば，残りの一交点もその直線上にある．

同一の直線 l 上にある六点が一つの完全四角形の辺と l との交点になっているとき，この六点は（完全）**四角形性**をもつという．平面上で双対的に，一点を通る六直線の（完全）**四辺形性**も定義される．今後四角形性六点 $\{p, q, r, s, t, u\}$ と書くときは，いつも次のようにならべられているものとする：三点 p, q, r を通る辺は四角形の同一の頂点を通り，点 s, t, u はそれぞれ p, q, r を通る辺の対辺に含まれる．四辺形性六線についてもこれと双対的とする．定理 2·8 の結果として，

定理 2·9 一直線 l 上に相異なる三点 a, b, c およびたがいに相異なり c と一致しない二点 p, q を任意にとるとき，六点 $\{a, b, c, p, q, r\}$ が四角形性であるような点 r はただ一つ存在する．

なお四角形性六点 $\{a, b, c, p, q, r\}$ に対応する四角形をつくるのに，l 上にない任意の点 s をとり sa, sb, sc を四角形の三辺とすることができる．

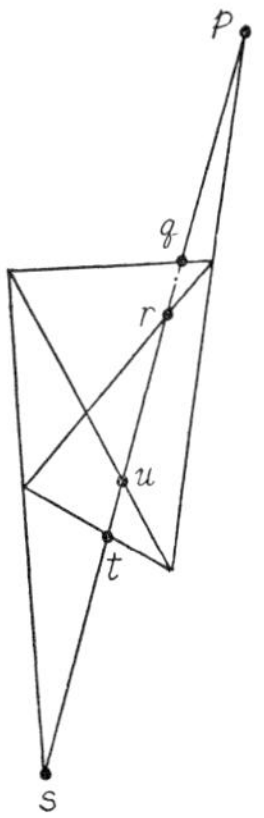

図 2

定理 2·10　点 o を通る四辺形性六線 $\{l, m, n, g, h, k\}$ と，o を通らない直線との交点をそれぞれ p, q, r, a, b, c とすれば $\{a, b, c, p, q, r\}$ は四角形性六点である．

この定理およびその双対から

定理 2·11　六点の四角形性は射影変換によって失われない．

直線 l 上の相異なる順序づけられた三点 $\{a, b, e\}$ を**標構**といい，点 a, b, e をそれぞれれ**原点**，**示点**，**単位点**という．l 上に標構 $\{a, b, e\}$ が与えられたとき，l 上の二点 p, q の**和**および**積**を次のように定義する：

$\{b, p, a, b, q, r\}$ が四角形性六点となる点 r をとり $p+q=r$ と定義し，また $\{a, p, e, b, q, t\}$ が四角形性六点となる点 t をとり $p\cdot q=t$ と定義する．

定理 2·12　直線に標構が与えられたとき，示点以外の直線上の点は上に定義した和，積について体（積に関しては一般に非可換）をつくる．

この定理は和，積が体の諸条件をみたすこと，原点が 0，単位点が 1 となることをいちいち確かめてみればいずれも簡単に証明されるが長くなるので省略する．この体を **Staudt 代数**という．また示点は ∞ で表わすものと規約する．

標構 $\{a, b, e\}$ で定められる Staudt 代数を $K(a, b, e)$ で表わし簡単に**直線体**とよぶことにする．二直線 l, l' 上にそれぞれ直線体 $K(a, b, e)$, $K(a', b', e')$ が与えられたとき，射影変換 $\varphi: l\to l'$ で $\varphi a=a'$, $\varphi b=b'$, $\varphi e=e'$ となるものをとれば φ は同型：$K(a, b, e)\to K(a', b', e')$ を与える．なぜなら，射影変換により四角形性六点は四角形性六点に移るからである．

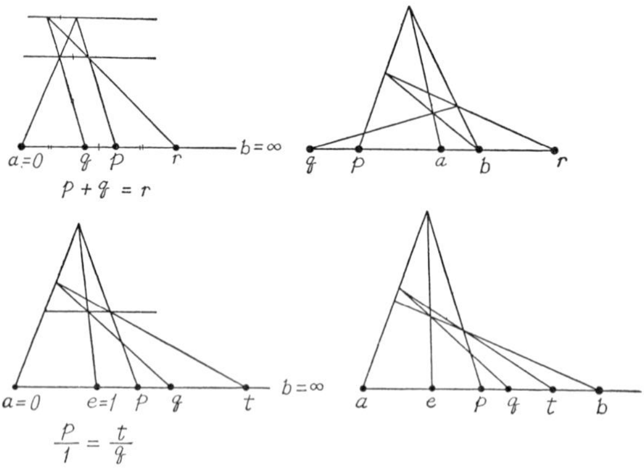

図　3

定理 2·3 を考慮すれば，P_n のすべての直線体はたがいに同型であることがわかる．

Staudt 代数と同型な抽象的体 K を P_n の**係数体**と名づける．

注意 上の和，積の定義は，ユークリッド幾何での直線上の座標の和，積をつくる図3の作図を射影幾何的にみて得られたものである．

定理 2·13 直線 l 上の標構を $R=\{a, b, e\}$ とする．l 上にない点 v をとり，$g=av$, $h=bv$ とおく．2点 s, t を平面 $v\cup l$ 上にとって，次のような射影変換 $\varphi: l\to l$ を得る．($x\in l$ とする)

（1） 三点 b, s, t が共線で，$s, t\notin l, h$ のとき，$\varphi=\pi_{lh}(t)\circ\pi_{hl}(s)$, $\varphi a=p$ とおけば，$\varphi: x\to x+p$,

（2） 三点 b, s, t が共線で，$s, t\notin l, g$ のとき，$\varphi=\pi_{lg}(t)\circ\pi_{gl}(s)$, $\varphi e=p$ とおけば，$\varphi: x\to p\cdot x$,

（3） 三点 a, s, t が共線で，$s, t\notin l, h$ のとき，$\varphi=\pi_{lh}(t)\circ\pi_{hl}(s)$, $\varphi e=q$ とおけば，$\varphi: x\to x\cdot q$,

（4） 三点 e, s, t が共線で，$s\in g$, $t\in h$, $v\neq s, t$ のとき
$\varphi=\pi_{lg}(t)\circ\pi_{gh}(e)\circ\pi_{hl}(s)$ とおけば，$\varphi: x\to x^{-1}$.

この定理は体 $K(a, b, e)$ の和，積の定義から明らかである．

定理 2·14 直線 l 上の標構 $R=\{a, b, e\}$ の三点を動かさない射影変換 $\varphi: l\to l$ は体 $K(a, b, e)$ の内部自己同型に限る．

（証明） 体 $K(a, b, e)$ の内部自己同型 $x\to p\cdot x\cdot p^{-1}$ が射影変換であることは前定理（2），（3）から明らかである．標構 R を動かさない任意の射影変換を $\varphi: l\to l$ とする．点 a を通る直線 $g(\neq l)$ および点 $s\in l\cup g$ $(s\notin l, g)$ をとる．定理 2·7 から，射影変換 $\varphi\circ\pi_{lg}(s): g\to l$ に対して二点 t, r および直線 h が存在して，$\varphi\circ\pi_{lg}(s)=\pi_{lh}(r)\circ\pi_{hg}(t)$. しかも補題 2 から h は $b\in h$, $h\neq l$ となるようにとれる．定理 2·1 (iii) から

$$\varphi=\pi_{lh}(r)\circ\pi_{hg}(t)\circ\pi_{gl}(s)=\pi_{lh}(r)\circ\pi_{hl}(t)\circ\pi_{lg}(t)\circ\pi_{gl}(s).$$

しかるに $\varphi a=a$, $\pi_{gl}(s)a=a$ であるから $\pi_{lh}(r)\circ\pi_{hg}(t)a=a$. 定理 2·2 から三点 a, t, r は共線である．同様に三点 b, s, t も共線である．定理 2·13 から点 $p, q\in l$ が定まり任意の点 $x\in l$ に対して

$$\pi_{lg}(t)\circ\pi_{gl}(s)\ :\ x\to p\cdot x,\qquad \pi_{lh}(r)\circ\pi_{hl}(t)\ :\ x\to x\cdot q.$$

すなわち $\varphi: x\to p\cdot x\cdot q$ である．さらに $\varphi e=e$ であるから $q=p^{-1}$．よって φ は内部自己同型 $x\to p\cdot x\cdot p^{-1}$ である．

この定理の結果，P_n の係数体 K が可換であれば，標構を動かさない射影変換は恒等変換だけとなる．したがって係数体が可換体の場合，

二直線の間の射影変換は三対の対応点を与えれば一意的に定まる．

［**射影変換の単一性**］

逆にこれが成り立てば係数体は可換である．さらに次の命題を考えよう．

同一平面上にある二直線 l, l' 上にそれぞれ標構 $\{a, b, c\}$，$\{a', b', c'\}$ をとれば，三交点 $bc'\cap b'c$，$ca'\cap c'a$，$ab'\cap a'b$ は共線である．［**Pappus の定理**］

補題　射影空間において，Pappus の定理を仮定すれば次が成り立つ：

点 a で交わる相異なる二直線 l, g の間の射影変換 $\varphi: l\to g$ が $\varphi a=a$ をみたせば，φ は点を軸とする配景写像である．

（証明）　定理 2·7 により，$\varphi=\pi_{gh}(t)\circ\pi_{hl}(s)$ となる二点，s, t および直線 h が存在する．$a\in h$ であれば定理 2·6 系から明らか．そこで $a\notin h$ とする．$\varphi a=a$ ゆえ s, a, t は共線である．$l\cap h=b$，$g\cap h=c$ とおく．任意の点 $x\in l$ に対して $\pi_{hl}(s)x=x^*$，$\varphi x=x'$ とおけば，$\{s, a, t\}$，$\{b, x^*, c\}$ に関する Pappus の定理から三点 x, x'，$p=sc\cap bt$ は共線である．すなわち $\varphi=\pi_{gl}(p)$．

定理 2.15　n 次元射影幾何に対する次の三条件はたがいに同値である．

（1）　係数体が可換である．

（2）　射影変換の単一性が成り立つ．

（3）　Pappus の定理が成り立つ．

（証明）　(1)$\Longleftrightarrow$(2)はすでに述べた．まず(2)$\Rightarrow$(3)を証明しよう．同一平面上の二直線 l, l' 上の標構 $\{a, b, c\}$，$\{a', b', c'\}$ に対して，三交点をそれぞれ $p=bc'\cap b'c$，$q=ca'\cap c'a$，$r=ab'\cap a'b$ とおく．直線 $g=qr$ と直線 $l', bc', b'c$ との交点をそれぞれ s, x_1, x_2 とする．射影変換 $\varphi: g\to g$ を $\varphi=\pi_{g,a'c}(b')\circ\pi_{a'c,a'b}(a)\circ\pi_{a'b,g}(c')$ で定義すれば，$\varphi s=s$，$\varphi q=q$，$\varphi r=r$，$\varphi x_1=x_2$．条件(2)から $x_1=x_2=p$．

次に(3)$\Rightarrow$(2)を証明しよう．直線 l 上の標構 $\{a, b, c\}$ を動かさない任意の射影変換を

$\varphi: l \to l$ とする．点 a を通る直線 $g(\neq l)$をとり一点 p を軸とする配景写像 $\pi_{gl}(p)$ を考える．$\pi_{gl}(p)\circ\varphi a=a$ ゆえ，補題により $\pi_{gl}(p)\circ\varphi=\pi_{gl}(p')$ となる点 p' が存在する．$\pi_{gl}(p)b=\pi_{gl}(p')b$, $\pi_{gl}(p)c=\pi_{gl}(p')c$ であるから $p=p'$．よって $\varphi=\pi_{lg}(p)\circ\pi_{gl}(p')$ は恒等変換である．

注意 1. この証明では $n=2$ の場合 Desargues の定理を仮定している．しかし条件(2)または(3)から Desargues の定理が必然的にしたがう．(この証明は末尾の文献〔3〕参照)．条件 (1) では Desargues の定理を仮定しなければ意味がない．

注意 2 定理 2·15 は同一の条件をそれぞれ代数的，解析的，幾何学的に述べたものであるが，これを束の構造に対する簡単な条件でいい換えられないであろうか．これは困難である．いかなる束恒等式（束の元の間の結，交で書き表わされる恒等式）を用いてもこの条件を表わすことは不可能である．なぜなら Q を4元数体（非可換），R を実数体（可換）とするとき2次元射影幾何 $\mathfrak{P}_2(Q)$ は $\mathfrak{P}_{11}(R)$ の部分束と同型であることがわかる．そして，もし条件が束恒等式で表わされれば，それは部分束に対しても成り立つから矛盾である．なお Desargues の定理は次のように束恒等式で表わされる[1)]：a_1, a_2, a_3, a_4 を束の元とする．$b_{12}=(a_1\cup a_2)\cap(a_3\cup a_4)$ 等，$c_{12}=(a_{13}\cup b_{14})\cap(a_1\cup a_2)$ 等とおけば，条件は $c_{12}\prec c_{23}\cup c_{31}$.

P_n の係数体を K，直線 l 上の標構を $R=\{a, b, e\}$ とする．一つの同型 $\theta: K(a, b, e)\to K$ が与えられれば，l 上の点 $p(\neq b)$ は元 $\xi=\theta p\in K$ で表わすことができる．同型 θ を l の**座標系**，元 $\xi\in K$ を点 p の**非斉次座標**という．体 K の二元 x_0, $x_1\in K$ で $x_1x_0^{-1}=\xi=\theta p$ となる組 (x_0, x_1) を点 p の**斉次座標**という．示点 b の斉次座標は $(0, x_1)$, $x_1\in K\,(x_1\neq 0)$ と定める．二つの組 (x_0, x_1), (x_0', x_1') が同一の点の斉次座標であるためには $x_0'=x_0\lambda$, $x_1'=x_1\lambda$ となる元 $\lambda\in K\,(\lambda\neq 0)$ が存在することが必要十分である．

定理 2·16 直線 l に座標系 θ が与えられたとき，任意の射影変換 $\varphi: l\to l$ は一次変換式で表わされ，逆に一次変換式で与えられる 1-1 対応は射影変換である．すなわち

(1) $\xi'=(\gamma\xi+\delta)(\alpha\xi+\beta)^{-1}$ $\alpha, \beta, \gamma, \delta\in K,$ （非斉次座標）

1) M. P. Schutzenberger. C. R., Paris, 221 (1945), 218～20.

（2）　$x_0{}'=\alpha_{00}x_0+\alpha_{01}x_1$, $x_1{}'=\alpha_{10}x_0+\alpha_{11}x_1$, $\alpha_{ij}\in K$,（斉次座標）.

（証明）（1），（2）が同じ変換を与えることは明らかである．定理 2·13 から四種の変換 $\xi'=\xi+\alpha$, $\xi'=\alpha\xi$, $\xi'=\xi\beta$, $\xi'=\xi^{-1}$ は射影変換．よってこれらを結合して得られる変換（1）は射影変換である．逆に（2）において α_{ij} を適当に選べば l 上の標構 $R=\{a, b, e\}$ を l 上の他の任意の標構に移す変換をつくることができる．したがって一般の射影変換 $\varphi: l\to l$ は R を動かさない射影変換 $\xi'=\lambda\xi\lambda^{-1}$（定理 2·14）と（1）とを結合して得られる．結合してもやはり（1）の形である．

なお標構 R を動かさない射影変換 $\xi'=\lambda\xi\lambda^{-1}$ は斉次座標を用いれば，

$x_1'x_0'^{-1}=\lambda(x_1x_0{}^{-1})\lambda^{-1}=(\lambda x_1)(\lambda x_0)^{-1}$ だから $x_0{}'=\lambda x_0$, $x_1{}'=\lambda x_1$ で表わされる．

§2·3　P_n の標構

射影空間 P_n 内の順序づけられた $n+2$ 個の点の組 $R=\{a_0, a_1, \cdots, a_n, e\}$ で，その中のいずれの $n+1$ 個も独立であるものを P_n の**標構**という．点 $a_0, \cdots, a_n$ を**頂点**，e を**単位点**という．$r+1$ 個の頂点で張られる標構の面 α に対して，α に含まれない頂点全体で張られる面（α の**補面**）を α^* で表わす．α と α^* とは束としての補元になる．標構 R の面を α とする．点 $p\in P_n$ が α の補面 α^* に含まれないとき，$p_\alpha=\alpha\cap(p\cup\alpha^*)$ は面 α 上の点である．この点 p_α を点 p の α への**成分**という．P_n の標構 $R=\{a_0, a_1, \cdots, a_n, e\}$ の頂点 $a_{i_0}, \cdots, a_{i_r}$ で張られる R の面を α とし，単位点 e の α への成分を e_α とすれば，点の組 $R_\alpha=\{a_{i_0}, \cdots, a_{i_r}, e_\alpha\}$ は面 α の標構である．これを‘標構 R に属する面 α 上の標構’という．頂点の順序を考慮すれば，面 α 上の標構は $(r+1)!$ 個とされる．今後 e_α を省略して $R_\alpha=\{a_{i_0}, \cdots, a_{i_r}\}$ と書く．とくに辺 a_ia_j 上には二つの標構 $\{a_i, a_j\}$, $\{a_j, a_i\}$ が定まり，直線体 $K(a_i, a_j)$, $K(a_j, a_i)$ を得る．これを辺上の**直線体**という．

二次元空間 P_2 の標構 $R=\{a, b, c, e\}$ をとる．一頂点，たとえば a に対して，a を通る二辺 $l=ab$, $g=ac$ の間の射影変換 $\gamma: l\to g$ を

$$\gamma=\pi_{gh}(b)\circ\pi_{hl}(c),\quad h=ae$$

で定義し，これを R に関する a のまわりの**折返し**という．ここで頂点 a, b, c

を適当にいれかえてよい．折返し $\gamma\ :l\to g$ により標構 $\{a,\ b\}$ は標構 $\{a,\ c\}$ に移り，もちろん$\{b,\ a\}$ は $\{c,\ a\}$ に移る．γ は辺上の直線体の同型 $K(a,\ b)\to K(a,\ c),\ K(b,\ a)\to K(c,\ a)$ である．定義から逆変換 $\gamma^{-1}:g\to l$ もまた R に関する折返しである．

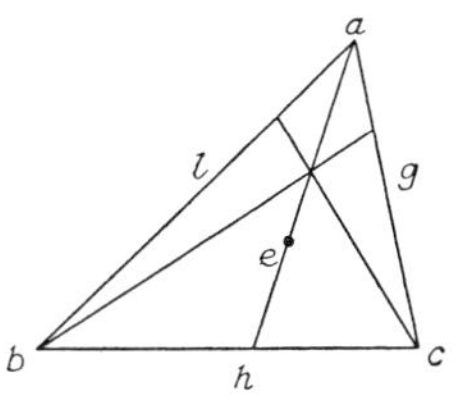

図　4

P_n の標構 $R=\{a_0,\cdots,a_n,e\}$ をとる．R の二辺の間の変換 $\varphi:a_ia_j\to a_ka_l$ で，R の 2 次元面上の標構に関する折返しを有限回結合して得られるものを標構 R に関する**基本変換**という．基本変換は明らかに射影変換で標構 $\{a_i,\ a_j\}$ を $\{a_k,\ a_l\}$ または $\{a_l,\ a_k\}$ に移し，辺上の直線体の同型対応を与える．基本変換の逆変換もまた基本変換である．

定理 2·17　P_2 の標構 $R=\{a,\ b,\ c,\ e\}$ の頂点 $a,\ b,\ c$ のまわりの折返しをそれぞれ $\gamma_1:ab\to ac,\ \gamma_2:ca\to cb,\ \gamma_3:bc\to ba$ とし，任意の点 $p\in ab$ に対して $p'=\gamma_3\circ\gamma_2\circ\gamma_1 p$ とおけば，直線体 $K(a,\ b)$ に関して $p'=p^{-1}$ である．

（証明）標構 $\{a,\ b\}$ の単位点を e_1 とする．$p=a,\ b,\ e_1$ のときは明らか．$p\neq a,\ b,\ e_1$ とする．$p_1=\gamma_1 p,\ p_2=\gamma_2 p_1$ とおき，四直線 $ae,\ ap_2,\ be,\ bp_1$ でつくられる四辺形を考えれば，六直線 $\{cb,\ cp',\ ce_1,\ ca,\ cp,\ ce_1\}$ は四辺形性六線，したがって六点 $\{a,\ p,\ e_1,\ b,\ p',\ e_1\}$ は四角形性六点である．体 $K(a,\ b)$ の積から $p\cdot p'=e_1$.

定理 2·18　P_n の標構 R に属する任意の二つの辺上の標構 $R_1,\ R_2$ に対して，R に関する基本変換 $\varphi:R_1\to R_2$ は一意的に定まる．とくに $R_1,\ R_2$ が同一の辺 l 上にあるとき，$R_1=R_2$ ならば φ は恒等変換，$R_1\rightleftharpoons R_2$（順序が逆）ならば φ は l の各点を直線体 $K(R_1)$ に関する逆元に移す．

$n=2$ のときは定理 2·17 から容易である．$n>2$ の場合を証明するため

補題　P_3 の標構 $R=\{a,\ b,\ c_1,\ c_2,\ e\}$ に属する二平面 $ab\cup c_i\,(i=1,\ 2)$ 上の標構を $R_i=\{a,\ b,\ c_i\}$ とする．折返し $\gamma_i:ab\to ac_i$ をとれば，変換 $\gamma_2\circ\gamma_1^{-1}:ac_1\to ac_2$ は標構 $\bar{R}=\{a,\ c_1,\ c_2\}$ に関する a のまわりの折返しと一致する．

（証明）標構 $R_1,\ R_2,\ \bar{R}$ の単位点をそれぞれ $e_1,\ e_2,\ \bar{e}$ とし，$ab=l,\ ac_i=l_i,\ ae=g,\ ae_i=g_i,\ a\bar{e}=h$ とおく．定理 2·1 (iv) から

$$\gamma_i=\pi_{l_ig_i}(b)\circ\pi_{g_il}(c_i)=\pi_{l_ig_i}(b)\circ\pi_{g_il}(c_1c_2)$$

いま変換 $\psi=\pi_{hg}(b)\circ\pi_{gl}(c_1c_2):l\to h$ をとれば，定理 2·1 (iv)，定理 2·5 から

$$\psi\circ\gamma_i^{-1}=\pi_{hg}(b)\circ\pi_{gl}(c_1c_2)\circ\pi_{lg_i}(c_1c_2)\circ\pi_{g_il_i}(b)$$

$$=\pi_{hg}(b)\circ\pi_{gg_i}(s_i)\circ\pi_{g_il_i}(b)=\pi_{hl_i}(s_i),\qquad s_i=c_1c_2\cap(g_i\cup g).$$

しかるに三点 $e_i,\ e,\ c_j(i,\ j=1,\ 2,\ i\neq j)$ は共線であるから $s_i=c_j$.

ゆえに　$\psi=\pi_{hl_i}(c_j)\circ\gamma_i$ すなわち $\psi=\pi_{hl_1}(c_2)\circ\gamma_1=\pi_{hl_2}(c_1)\circ\gamma_2$.

結局　$\gamma_2\circ\gamma_1^{-1}=\pi_{l_2h}(c_1)\circ\pi_{hl_1}(c_2)$.

（定理 2·18 の証明）P_n の標構 $R=\{a_0,\cdots,a_n,e\}$ に属する任意の辺上の標構 $\{a_i,\ a_j\}$ に対して，基本変換 $\varphi_{ij}:a_ia_j\to a_0a_1$ を次のように指定する：$a_0a_1\cap a_ia_j\neq\phi$ のとき二辺 $a_0a_1,\ a_ia_j$ を含む R の2次元面 α をとり，α 上の標構に関する基本変換 $a_ia_j\to a_0a_1$ を φ_{ij} と定める．$n=2$ に対して定理は成り立っているから φ_{ij} は一意的に定まる．$a_0a_1\cap a_ia_j=\phi$ のときは，標構 $\{a_0,\ a_i,\ a_j\}$, $\{a_0,\ a_1,\ a_j\}$ に関する頂点 $a_j,\ a_0$ のまわりの折返しをそれぞれ $\gamma_i:a_ja_i\to a_ja_0$, $\gamma_j:a_0a_j\to a_0a_1$ とし，$\varphi_{ij}=\gamma_j\circ\gamma_i$ と定める．このように φ_{ij} を指定すれば，R の任意の2次元面上の標構 $\{a_i,\ a_j,\ a_k\}$ に関する折返し $\gamma:a_ia_j\to a_ia_k$ に対して，補題から $\varphi_{ij}=\varphi_{ik}\circ\gamma$ となることがわかる．したがって折返しの結合として与えられる任意の基本変換 $\varphi:\{a_i,\ a_j\}\to\{a_k,\ a_l\}$ に対しても $\varphi_{ij}=\varphi_{kl}\circ\varphi$. すなわち $\varphi=\varphi_{kl}^{-1}\circ\varphi_{ij}$ は一意的に定まる．

§2·4　P_n の座標系

本§で射影空間の点座標を導入する．まず，係数体 K の射影幾何において，P_n の標構を $R=\{a_0,\cdots,a_n,e\}$ とする．各辺上の直線体から K の上への同型 $\theta_{ij}:K(a_i,\ a_j)\to K(i,j=0,\cdots,n,\ i\neq j)$ が指定され，これらの二同型 $\theta_{ij},\ \theta_{kl}$ に対して，変換 $\theta_{kl}^{-1}\circ\theta_{ij}:a_ia_j\to a_ka_l$ が R に関する基本変換であるとき，集合系 $\{R,\ \theta_{ij}\}$ を P_n の**射影座標系**という．定理 2·18 により，同型 $\{\theta_{ij}\}$ の中，いずれか一つを与えれば座標系は一意的に定まる．θ_{ij} をすべて同じ記号 θ で表わしてさしつかえない．座標系 $\{R,\ \theta\}$ が与えられたとき，R の面上の標構 $\{a_{i_0},\cdots,a_{i_r}\}$ に対しても，常に θ で定まる座標系をとって

おくものとする．とくに R の辺 a_ia_j に対しては，同型 $\theta: K(a_i, a_j)\to K$, $K(a_j, a_i)\to K$ のどちらかを指定することにより二通りの非斉次座標が導入される．

定理 2·19 P_2 の座標系 $\{R, \theta\}$, $R=\{a, b, c, e\}$ が与えられたとき．P_2 の点 $p(\notin bc)$ の ab, ac, cb への成分をそれぞれ p_1, p_2, p_3 とし，同型 $\theta: K(a, b)$, $K(a, c)$, $K(b, c)\to K$ に対してそれぞれ $\xi=\theta p_1$, $\eta=\theta p_2$, $\zeta=\theta p_3$ とおけば，$\eta=\zeta\xi$ である．

（証明） $p=a$ のとき $\xi=\eta=0$, 点 $p_3\in bc$, $(p_3\neq c)$ を任意にとってよい，また $p\in ac$ のとき $\xi=0$, $\zeta=0^{-1}$ となるが，成り立つとみなしてよい．$K(b, c)$ の代りに $K(c, b)$ をとれば同様の結果を得る．そこで $p\neq a$, $p\notin ac$ とする．頂点 a, c, b のまわりの折返しをそれぞれ $\gamma_1: ab\to ac$, $\gamma_2: ca\to cb$, $\gamma_3: bc\to ba$ とする．三点 a, e, p が共線のとき，$p_2=\gamma_1 p_1$ ゆえ $\eta=\xi$, かつ $\zeta=1$. また三点 b, e, p が共線のとき $p_1=\gamma_3 p_3$ ゆえ定理 2·17 から $\zeta=\xi^{-1}$, かつ $\eta=1$. それ以外のとき，$\gamma_1^{-1}p_2=p_2'$, $\gamma_3 p_3=p_3'$ とおけば，同型 $\theta: K(a, b)\to K$ に対して $\xi=\theta p_1'$, $\eta=\theta p_2'$, $\zeta^{-1}=\theta p_3'$ である．四直線 ap, ae, bp, be でつくられる四辺形を考えれば，六直線 $\{cb, cp_2', cp_1, ca, cp_3', ce\}$ は四辺形性六線，よって六点 $\{a, p_3', e, b, p_2', p_1\}$ は四角形性六点である．ゆえに体 $K(a, b)$ において $p_3'\cdot p_2'=p_1$. すなわち $\eta=\zeta\xi$.

ある体 K の $n+1$ 個の元の組 $(x^0, x^1, \cdots, x^n)\neq(0, 0, \cdots, 0)$を考え，簡単に$(x^i)$ または (x) で表わす．二つの組 (x), (x') に対して $x'^i=x^i\lambda\,(i=0, \cdots, n)$ となる元 $\lambda\in K$ が存在するとき (x) と (x') とは等値であると定義する．この等値関係で類別される類全体を**座標集合**と名づけ $\mathfrak{H}_n(K)$ で表わす．組 (x) で代表される類をもやはり $(x)\in\mathfrak{H}_n(K)$ で表わすことにする．また二つの組 (x), (x') に対して，$x'^i=\lambda x^i\,(i=0, \cdots, n)$ となるとき等値と定義して得られる類全体を左座標集合と名づけ $\mathfrak{H}_n^*(K)$ で表わす．体 K の逆体を K^* とすれば明らかに $\mathfrak{H}_n^*(K)$ は $\mathfrak{H}_n(K^*)$ と同一視できる．

集合 A から $\mathfrak{H}_n(K)$ への 1-1 対応 $\kappa: A\to\mathfrak{H}_n(K)$ が指定されたとき，類 $\kappa a\in\mathfrak{H}_n(K)$ を点 $a\in A$ の座標といい，座標が $(x)\in\mathfrak{H}_n(K)$ の点を簡単に点 (x) ということもある．二集合 A, B に座標 $\kappa_1: A\to\mathfrak{H}_n(K)$, $\kappa_2: B\to\mathfrak{H}_n(K)$ が

与えられたとき，1–1 対応 $\kappa_2^{-1}\circ\kappa_1: A\to B$ を A と B との**同座標対応**とよぶことにする．

さて P_n に射影座標系 $\{R, \theta\}$, $R=\{a_0, \cdots, a_n, e\}$, が与えられたとしよう．まず点 $p\in P_n$ が頂点 a_0 の補面 $a_0{}^*$ に含まれないとき，p の辺 $a_0a_i(i=1, \cdots, n)$ への成分を p_i とし，$\theta p_i=\xi_i\in K$, $\theta: K(a_0, a_i)\to K$ とおいて，組 $(\xi^1, \cdots, \xi^n)$ を点 p の**非斉次座標**，また類 $(1, \xi^1, \cdots, \xi^n)\in\mathfrak{H}_n(K)$ を点 p の**斉次座標**と定義する．次に $p\in a_0{}^*$ のときは直線 a_0p 上の第三の点 $q(\neq a_0, p)$ をとり，q の非斉次座標が $(x^1, \cdots, x^n)$ であるとき，類 $(0, x^1, x^2, \cdots, x^n)\in\mathfrak{H}_n(K)$ を点 p の**斉次座標**と定義する．この定義が q のとり方に無関係であることを証明しよう．一般性を失うことなく，点 $p\in a_0{}^*$ は辺 a_0a_1 の補面 $(a_0a_1)^*$ に含まれないと仮定してよい．直線 a_0p 上の二点 $q, q'(\neq a_0, p)$ の非斉次座標をそれぞれ $(x^1, \cdots, x^n)$, $(x'^1, \cdots x'^n)$ とすれば，上の仮定から $x^1\neq 0$, $x'^1\neq 0$ である．三点 p, q, q' の面 $a_0a_1\cup a_i(i=2, \cdots, n)$ への成分をそれぞれ p_i, q_i, q_i' とすれば，4点 a_0, q_i, q_i', p_i は共線で，$p_i\in a_1a_i$．面上の標構 $\{a_0, a_1, a_i\}$ に関する点 q_i, q_i' の非斉次座標はそれぞれ (x^1, x^i), (x'^1, x'^i) となるから $\zeta_i=\theta p_i$, $\theta: K(a_1, a_i)\to K$ とおけば，定理 2·19 から $x^i=\zeta_i x^1$, $x'^i=\zeta_i x'^1$．したがって $x'^1=x^1\lambda$ とおけば $\lambda\neq 0$ で，$x'^i=x^i\lambda\ (i=1, \cdots, n)$, $\lambda\in K$．すなわち $(0, x^1, \cdots, x^n)$ と $(0, x'^1, \cdots, x'^n)$ とは同じ類を表わす．

斉次座標によって，P_n の点は $\mathfrak{H}_n(K)$ の類と 1–1 対応をなす．標構 R の頂点 $a_{i_0}, \cdots, a_{i_r}$ で張られる面上の点 p の斉次座標 $(x^0, \cdots, x^n)$ においては $x^j=0$, $j\neq i_0, \cdots, i_r$ となり，類 $(x^{i_0}, \cdots, x^{i_r})\in\mathfrak{H}_r(K)$ は標構 $\{a_{i_0}, \cdots, a_{i_r}\}$ に関する点 p の斉次座標である．

§2·5　射影幾何の分類

定理 2·20　P_2 に射影座標が与えられ，点の斉次座標を (x^0, x^1, x^2) とすれば P_2 の直線は1次方程式

(1)　$$u_0x^0+u_1x^1+u_2x^2=0,\qquad u_i\in K,\quad (u_0, u_1, u_2)\neq(0, 0, 0)$$

で与えられる．

(証明) 座標系を $\{R, \theta\}$, $R=\{a, b, c, e\}$ とする. 明らかに辺 bc, ac, ab の方程式はそれぞれ $x^0=0$, $x^1=0$, $x^2=0$ である. また直線 l が頂点 a を通り, 頂点 b, c を通らないときは, $\theta(l\cap bc)=u\in K$, $\theta: K(b, c)\to K$ とすれば, 定理 2·19 から, l の方程式は $x^2=ux^1$ である. 同様にして一般に l が一頂点を通るとき, その方程式は $x^iu=x^j$ $(i, j=0, 1, 2)$, $u\in K$ である. 次に l が R の頂点を通らないとき, 交点 $r=l\cap bc$, $s=l\cap ac$ をとり, 同型 $\theta: K(b, c)$, $K(a, c)\to K$ に対してそれぞれ $\theta r=u$, $\theta s=v$ とおく. 任意の点 $p\in l\,(p\neq r)$ および点 $p'=cp\cap ar$ の標構 $\{R, \theta\}$ に関する非斉次座標をそれぞれ (ξ, η), (ξ', η') とすれば, 定理 2·19 から $\xi'=\xi$, $\eta'=u\xi'$ である. 四点 r, p, p', b でつくられる四角形を考えれば, 体 $K(a, c)$ の和から $\eta=\eta'+v$, よって $\eta=u\xi+v$. すなわち l の方程式は $x^2=ux^1+vx^0$ となる. いずれの場合も (1) の形であり, 逆に (1) は上のいずれかの形に書き直せるから直線を表わす.

定理 2·21 P_n に射影座標系が与えられたとき, 相異なる二点 (y^i), $(z^i)\in P_n$ を通る直線は方程式

(2) $$x^i=y^i\lambda+z_i\mu \quad (i=0, 1, \cdots, n), \quad \lambda, \mu\in K \text{ はパラメータ},$$

で表わされる.

(証明) $n=2$ のときは, 前定理の (1) を変形すれば (2) を得る. (体 K が一般に可換でないことに注意). そこで帰納法を用いる. 標構を $R=\{a_0, \cdots, a_n, e\}$ とする. 二点 (y^i), (z^i) を通る直線 l は辺 a_0a_1 と交わらないと仮定して一般性は失われない. l 上の任意の点 (x^i) をとり, 三点 (x^i), (y^i), (z^i) の a_0^* への成分および a_1^* への成分はともに共線であるから帰納法の仮定により $x^i=y^i\lambda+z^i\mu\ (i=1, 2, \cdots, n)$, $x^j=y^j\lambda'+z^j\mu'\ (j=0, 2, \cdots, n)$. この2式から $y^k(\lambda-\lambda')+z^k(\mu-\mu')=0\ (k=2, \cdots, n)$. しかるに 二点 (y^i), (z^i) の $(a_0a_1)^*$ への成分は一致しないから $y^k=z^kv\ (k=2, \cdots, n)$ となる $v\in K$ は存在しない. よって $\lambda=\lambda'$, $\mu=\mu'$ でなければならない. 逆に (2) が直線であることは容易である.

P_n の点を斉次座標 (x^i) で表わせば, P_n の直線が (2) で与えられる事実をいい換えると

定理 2·22 係数体 K の n 次元射影幾何は, ベクトル空間 $V_{n+1}(K)$ 上の射影幾何 $\mathfrak{P}_n(K)$ と同型である.

また $\mathfrak{P}_n(K)$ の係数体は K であるから

定理 2·23 任意の体 K を係数体とする n 次元射影幾何は存在する．

この二つの定理から，3次元以上の射影幾何はその次元と係数体とで完全に分類されることがわかった．

定理 2·24 2次元射影幾何において，次の三条件はたがいに同値である．

(i) Desargues の定理が成り立つ．

(ii) 係数体をもつ（すなわち $\mathfrak{P}_2(K)$ と同型）．

(iii) 3次元射影幾何に埋めこめる．

（証明） (i) ⇒ (ii) ⇒ (iii) ⇒ (i).

非 Desargues 幾何を除外すれば，n 次元射影幾何はすべて $\mathfrak{P}_n(K)$ とみなしてよい．このことから P_n に座標系が与えられたとき，$r+1$ 個の独立な点 $(y_0^i), (y_1^i), \cdots, (y_r^i)$ を含む r 次元面 P_r はパラメータ $\lambda^0, \cdots, \lambda^r \in K$ をもちいて方程式

$$x^i = \sum_{k=0}^{r} y_k^i \lambda^k \qquad (i=0, \cdots, n)$$

で与えられることがわかる．さらに超平面は方程式

$$u_0x^0 + u_1x^1 + \cdots + u_nx^n = 0 \quad u_i \in K, \ (u_0, \cdots, u_n) \neq (0, \cdots, 0)$$

で与えられる．したがって超平面は類 $(u_0, \cdots, u_n) \in \overset{*}{\mathfrak{H}}{}^n(K)$ によって一意的に定まる．この類 (u_i) を**超平面座標**という．相異なる二超平面 α, β の超平面座標をそれぞれ $(v_i), (w_i)$ とするとき，$(n-2)$-次元（線型的)面 $\alpha \cap \beta$ を含む任意の超平面の座標 (u_i) は

$$u_i = \lambda v_i + \mu w_i, \ \lambda, \mu \in K, \ (\lambda, \mu) \neq (0, 0)$$

で与えられる．したがって $\mathfrak{P}_n(K)$ の双対束は $\mathfrak{P}_n^*(K)$ と同型である．さらに $\mathfrak{P}_n^*(K) \approx \mathfrak{P}_n(K^*)$ であるから

定理 2·25 射影空間の係数体とその双対射影空間の係数体とは逆同型である．

§ 2·6 同型と射影変換

定理 2·26 P_n に射影座標系が与えられ，二直線 l, l' の方程式をそれぞれ $x^i = y^i\lambda + z^i\mu$, $x^i = y'^i\lambda' + z'^i\mu'$ $(i=0, \cdots, n)$ とする．l, l' 上の点の座標とし

てそれぞれ類 (λ, μ), $(\lambda', \mu') \in \mathfrak{H}_1(K)$ を用いれば，同座標対応：$l \to l'$ は射影変換である．

（証明）座標系を $\{R, \theta\}$, $R=\{a_0, \cdots, a_n, e\}$ とする．辺 a_ja_k 上の点は斉次座標 $(x^j, x^k) \in \mathfrak{H}_1(K)$ で表わされる．$\{R, \theta\}$ の定義から，標構の二辺の間の同座標対応は射影変換（実は基本変換）である．よって直線 $l: x^i = y^i\lambda + z^i\mu$ に対して，適当な辺 a_ja_k をとり，同座標対応：$l \to a_ja_k$ が射影変換となることを証明すれば十分である．一般性を失うことなく，直線 l は辺 a_0a_1 の補面 $(a_0a_1)^*$ と交わらないと仮定してよい．同座標対応を $\psi: l \to a_0a_1$ とする．面 $(a_0a_1)^*$ を軸とする配景写像を $\pi: l \to a_0a_1$ とし，変換式 $\lambda' = y^0\lambda + z^0\mu$, $\mu' = y^1\lambda + z^1\mu$ で与えられる a_0a_1 上の射影変換（定理 2·16）を φ とすれば，$\psi = \varphi^{-1} \circ \pi$.

定義 2·2　二つの r 次元射影空間 P_r, P'_r の点の 1–1 対応 $\varphi: P_r \to P'_r$ が次の条件をみたすとき，φ を射影空間の**同型**という：三点 $p_1, p_2, p_3 \in P_r$ が共線のときかつそのときに限り三点 $\varphi p_1, \varphi p_2, \varphi p_3 \in P'_r$ もまた共線である．

同型 φ によって直線は直線に，k 次元面は k 次元面に移り，包含関係は保たれている．したがってこの同型は束として，また射影幾何としての同型と一致する．同型 φ により点の独立性は保存され，P_r の標構 $R=\{a_0, \cdots, a_r, e\}$ に対して $\varphi R = \{\varphi a_0, \cdots, \varphi a_r, \varphi e\}$ は P'_r の標構である．さらに同型 φ は四角形性六点を四角形性六点に移すから，和，積の定義より，P_r 内の直線体 $K(a, b, e)$ に対しても $\varphi: K(a, b, e) \to K(\varphi a, \varphi b, \varphi c)$ は同型を与える．

射影空間 P_n の自己同型全体は P_n の変換群をつくる．これを $P\Gamma L_{n+1}(K)$ で表わす．ここに K は係数体とする．

定義 2·3　射影空間 P_n 内の二つの n 次元面 P_r, P'_r の間の同型 $f: P_r \to P'_r$ が，f を一つの直線に制限したとき直線の射影変換となる場合，f を**射影変換**という．

同型 $f: P_r \to P'_r$ を P_r の一つの直線に制限したものが射影変換ならば，他の任意の直線に制限してもやはり射影変換となる．それは，f が同座標対応となるような射影座標系を P_r および P'_r に与えておけば定理 2·26 から容易に確かめられる．射影空間 P_n をそれ自身に移す射影変換全体は $P\Gamma L_{n+1}(K)$

の部分群をつくる．これを**射影群**といい，$PGL_{n+1}(K)$ で表わす．

定理 2·27 P_n の一つの標構 R を動かさない $P\Gamma L_{n+1}(K)$ の部分群 $P\Gamma L^0_{n+1}(K)$は係数体 K の自己同型群 $A(K)$ と同型である．座標系 $\{R, \theta\}$ に関する斉次座標を用いれば，群 $P\Gamma L^0_{n+1}(K)$ の変換は

$$x'^i=\omega(x^i) \quad (i=0, \cdots, n), \quad \omega\in A(K)$$

で与えられる．

（証明） 変換 $\varphi\in P\Gamma L^0_{n+1}(K)$ は R の各辺上の標構 $\{a_i, a_j\}$をも動かさないから，φ は直線体 $K(a_i, a_j)$ に対しては自己同型である．よって，頂点 a_0 の補面 a_0^* に含まれない任意の点 p の非斉次座標を $\{\xi^1, \cdots, \xi^n\}$ とすれば，φp の非斉次座標は $(\omega_1(\xi^1), \cdots, \omega_n(\xi^n))$, $\omega_i\in A(K)$, で与えられる．しかるに φ は直線 a_0e をそれ自身に移すから，$\xi^j=\lambda (j=1, \cdots, n)$ ならば $\omega_1(\lambda)=\cdots=\omega_n(\lambda)$．元 $\lambda\in K$ は任意でよいから $\omega_j=\omega\in A(K)$, $(j=1, \cdots, n)$．斉次座標に直せば，φ は $x'^i=\omega(x^i)$ $(i=0, \cdots, n)$．逆にこの形の変換は $P\Gamma L^0_{n+1}(K)$ に属す．

定理 2·28 P_n の一つの標構 R を動かさない $PGL_{n+1}(K)$ の部分群 $PGL^0_{n+1}(K)$ は体 K の内部自己同型群 $I(K)$ と同型である．座標系 $\{R, \theta\}$ に関する斉次座標を用いれば，群 $PGL^0_{n+1}(K)$ の変換は

$$x'^i=\lambda x^i \ (i=0, \cdots, n), \qquad \lambda\in K$$

で与えられる．

（証明） 定理 2·14 により変換 $f\in PGL^0_{n+1}(K)$ は R の各辺の直線体に対しては内部自己同型である．したがって前定理において $\omega\in I(K)$ とすればよい．よって $x'^i=\lambda x\lambda^{-1}$, $\lambda\in K$. すなわち $x'^i=\lambda x$ $(j=0, \cdots, n)$．逆に P_n の任意の直線 $x^i=y^i\mu+z^i\nu$ は f により $x^i=\lambda y^i\mu+\lambda z^i\nu$ に移る．定理 2·26 から同座標対応 $f:(\mu, \nu)\to(\mu, \nu)$ は直線の射影変換である．

定理 2·29 P_n の自己同型群 $P\Gamma L_{n+1}(K)$ の変換は準一次変換式

$$(1) \qquad x'^i=\sum_{j=0}^{n}\alpha^i_j\,\omega(x^j) \ \text{(1–1 対応)} \ \alpha^i_j\in K, \ \omega\in A(K)$$

で与えられ，射影群 $PGL_{n+1}(K)$ の変換は一次変換式

$$(2) \qquad x'^i=\sum_{j=0}^{n}\alpha^i_j\,x^j \quad \text{(1–1 対応)} \quad \alpha^i_j\in K$$

で与えられる．

（証明） まず（1）が同型であることは明らか．P_n の直線 $x^i=y^i\lambda+z^i\mu$ は変換（2）で直線 $x^i=y'^i\lambda+z'^i\mu$, $y'^i=\sum\alpha^i_j y^j$, $z'^i=\sum\alpha^i_j z^j$ に移る．同座標対応 $(\lambda, \mu)\to(\lambda, \mu)$ はこの二直線の射影変換であるから，変換（2）は射影変換である．しかも（2）の形で標構 R を他の任意の標構に移すことができるから，一般の射影変換は $PGL^0_{n+1}(K)$ の変換と（2）とを結合すればよい．結合してもやはり（2）の形である．同様に一般の自己同型は $P\Gamma L^0_{n+1}(K)$ の変換と（2）とを結合して得られる．結合すれば（1）の形である．

なお，$\omega^{-1}(\sum\alpha^i_j\,\omega(x^j))=\sum\omega^{-1}(\alpha^i_j)x^j$, $\omega\in A(K)$ となることから

定理 2·30 射影群 $PGL_{n+1}(K)$ は自己同型群 $P\Gamma L_{n+1}(K)$ の正規部分群で

$$P\Gamma L_{n+1}(K)/PGL_{n+1}(K)\approx A(K)/I(K).$$

定理 2·31 射影空間 P_n の任意の自己同型が射影変換であるための条件は係数体が内部自己同型以外の同型をもたないことである．

いま射影幾何に対する次の条件を考えよう．

P_n の任意の標構を他の任意の標構に移す射影変換はただ一つ存在する．

［射影幾何の基本定理］

これは内部自己同型が恒等写像であることに他ならぬから

定理 2·32 射影幾何 $\mathfrak{G}$ において基本定理が成り立つためには $\mathfrak{G}$ の係数体が可換であることが必要十分である．

係数体が実数体 R，または複素数体 C の射影空間をそれぞれ**実射影空間，複素射影空間**という．

定理 2·33 実および複素射影空間に対して基本定理が成り立つ．特に実射影空間では自己同型は射影変換に限る．

（証明） 前半は体の可換性から明らか．後半は実数体 R の自己同型が恒等変換だけであることをいえばよい．任意の自己同型 $\omega : R\to R$ をとれば，R の素体の元，すなわち有理数 x に対しては $\omega(x)=x$．また $a\in R$, $a>0$ ならば $\omega(a)=\omega(\sqrt{a})\omega(\sqrt{a})>0$．よって写像 ω は大小の順序を保ち，したがって連続写像である[1]．ゆえにすべての $x\in R$ に対して $\omega(x)=x$.

注意　複素射影空間 P_n において変換 $z'^i=\bar{z}^i$（$\bar{z}$ は z の共役複素数）は P_n の自己同型であるが射影変換ではない．この変換と射影変換とで生成される変換群 $P\Gamma L^c_{n+1}(C)$ が重要である．しかし $P\Gamma L^c_{n+1}(C)$ 以外にもまだ P_n の自己同型は存在する[2]．

§2.7　非調和比

体 K が可換的な場合，古典的な用語との関連について注意しておこう．

射影空間 P_n において，係数体 K が可換であれば，一つの直線体 $K(a_0, b_0, e_0)$ に対する同型 θ_0；$K(a_0, b_0, e_0)\to K$ を指定することにより，任意の直線体 $K(a, b, e)$ に対して $\theta\circ\theta_0^{-1}$ が直線の射影変換となるような同型 $\theta : K(a, b, e)\to K$ が一意的に定まる．今後 P_n のすべての直線体には常にこのような同型 θ が指定されているものと規約する．そうすれば，P_n の任意の面上の斉次座標はその上の標構さえ与えれば完全に定まる．

P_n の直線 l 上の四点 a, b, c, d において，a, b, c は相異なり，かつ $d\neq a$ とする．点 a, b, c をそれぞれ示点，原点，単位点とする標構に関する点 d の非斉次座標をこの四点の**非調和比**といい，$[a, b, c, d]$ で表わす．特に $[a, b, c, d]=-1$ のとき，この四点は**調和点列**であるといい，二点 c, d は二点 a, b を‘調和に分ける’という．

1）基礎数学講座，抽象代数学（24 頁）参照．

2）複素数体の自己同型は無数にある．任意の代数的数体のガロア写像が C にまで拡張可能である．

第 3 章　射影幾何の解析的取扱

§3・1 射 影 空 間

前章までで，幾何学的に射影空間を構成し，それに座標を導入してきた．そこで立場を変更して，代数的に射影空間をとらえ，代数的に理論を推進しよう．

定義　K を任意の可換な体，$x_0, x_1, \cdots, x_n$ を K の元で，これらは同時には 0 でないとする．かかる $n+1$ 順列に対し

$$x_0'=\lambda x_0,\ \ x_1'=\lambda x_1,\ \cdots,\ x_n'=\lambda x_n \quad \lambda\in K$$

なるとき $(x_0'x_1'\cdots x_n')=(x_0x_1\cdots x_n)$ と定義して得る $(x_0x_1\cdots x_n)$ の全体 S_n を **K における n** 次元射影空間という．そして $(x_0x_1\cdots x_n)$ を点といい，x_i をその座標とよぶ．

第 1，2 章の射影空間はもちろんこの意味での射影空間であり，逆にこれは射影幾何の公理をみたすから第 1 章の意味での射影空間である．そして座標はその標構を定めることによって決定されるから，上の定義は射影空間に標構を併せ考えたものに他ならぬ．

K が全実数体 R，または複素数体 C の場合が，古典的な場合であり，特に重要であるが，われわれは任意標数の場合も含めておく．なお，K が代数的閉体の場合には，多くの理論は古典的な場合と同様に進められる．

射影空間 S_n から $x_0=0$ なる超平面 H_0 を除くと，その部分では $x_0\neq 0$，したがって $x_0=1$ と規格化できて，S_n-H_0 は集合 $\{(1, x_1, \cdots, x_n)\}$ と見られ，$(1, x_1', \cdots, x_n')=(1, x_1, \cdots, x_n)$ は $\forall i$，$x_i'=x_i$ のときに限られる．すなわちアフィン空間に他ならない．$x_i=0$ なる超平面を H_i としても同様に S_n-H_i の点は

$$\left(\frac{x_0}{x_i},\ \frac{x_1}{x_i}, \cdots, \frac{x_n}{x_i}\right)$$

なるアフィン空間の点と 1 対 1 に対応する．

S_n の点ではいずれか一つ x_i は 0 でないから，S_n の点は S_n-H_i に含まれる．したがって S_n はアフィン空間 S_n-H_i $(0\leq i\leq n)$ の $n+1$ 個で蔽いつくされる．

座標超平面は一次独立なら，勝手に $n+1$ 個とり得るから，S_n は $n+1$ 個の超平面を除いてできるアフィン空間で蔽われる．かかるアフィン空間を S_n のアフィン・モデルとよぶ．

一つのアフィン・モデル，例えば $A^0=S_n-H_0$ について見るとき，H_0 は A^0 の無限遠超平面とよばれる．H_0 で交わる二直線は A^0 では平行である．

古典的な射影空間はコンパクトである．実際 S_n の無限点列 $\{P_m\}$ をとるとき，それをアフィン・モデル $A^{(0)}$ において，$P_m=\left(\dfrac{x_1}{x_0},\cdots,\dfrac{x_n}{x_0}\right)$ とする．もしすべての i につき x_i/x_0 が有界なら，明らかに $\{P_m\}$ から収束部分点列が選べる．x_i/x_0 のうちに発散するものがあるときは，このうち最も位数が高く発散するものをとり，x_n/x_0 とする．このときにはアフィン・モデル $A^{(n)}$ において考えると，$P_m=(x_0/x_n,\cdots,x_{n-1}/x_n)$ となり，$\dfrac{x_i}{x_n}=\dfrac{x_i/x_0}{x_n/x_0}$ だから，これらにはすべて 0 に収束するものがある．よってこの場合も収束部分点列を選び得る．

代数的，ならびに幾何的に射影空間の他の有用な見方は次のとおりである．

まず体 K の上の $n+1$ 次元ベクトル空間，すなわち

$$V_{n+1}=\{(x_0,\ x_1,,\ \cdots,\ x_n)\,|\,x_i\in K\}$$

において $(x_0',\cdots,x_n')=(x_0,\cdots,x_n)$ は $\forall i,\ x_i'=x_i$ と定められた V をとる．これにおいて1次元のベクトル空間，すなわち一つのベクトル $(x_0,\cdots,x_n)$ の λ 倍のつくる部分空間（原点を通る直線）を点と見なしたものが射影空間に他ならない．したがって実射影空間は，$n+1$ 次元アフィン空間における n 次元球 $x_0^2+x_1^2+\cdots+x_n^2=1$ の直径の両端を同一視したものに他ならぬ．この解釈から，射影空間のコンパクトなことは直観的に導かれるであろう．

このようにベクトル空間に関連して考えることは，線型代数的に取扱うのに非常に有利である．

§3·2 線型部分空間

n 次元射影空間 S_n の m 次元部分（線型）空間 S_m は，ベクトル空間 V_{n+1} の部分ベクトル空間 V_{m+1} の直線（原点を通る）の全体に他ならない．したがって S_m の座標 $(x_0x_1\cdots x_n)$ は，$m+1$ 個の一次独立な点 $(x^{(0)})$，$(x^{(1)})$，$\cdots$，$(x^{(m)})$ の座標に一次従属であり

$$x_k=\gamma_0 x_k^{(0)}+\gamma_1 x_k^{(1)}+\cdots+\gamma_m x_k^{(m)}\quad (k=0,\ 1,\cdots,\ n)$$

ここで $(\gamma_0\gamma_1\cdots\gamma_m)$ は $(x^{(0)}),\cdots,(x^{(m)})$ を標構の頂点，$(x^{(0)}+\cdots+x^{(m)})$ を単位点にとったときの S_m の座標である．

特に $m=n$ の場合，S_m は S_n と一致するが，$x^{(0)},\cdots,x^{(n)}$ を基点とする標構につき，新しい座標を (γ) とすれば

$$x_k=\sum_{i=0}^{n}\gamma_i x_k^{(i)}\quad (k=0,\ 1,\cdots,\ n).$$

$x^{(0)},\cdots,x^{(n)}$ は一次独立だから，γ_i について解けて

$$\gamma_i=\sum_{k=0}^{n}t_{ik}x_k.$$

一次独立な r 個の一次同次方程式

$$\overset{0}{u}_i x_0+\overset{1}{u}_i x_1+\cdots+\overset{n}{u}_i x_n=0\quad (i=1,\ 2,\cdots,\ r)$$

は S_{n-r} を決定する．線型代数学により，これの解は $n+1-r$ 個の一次独立な解 $(x^{(0)}),\cdots,(x^{(n-r)})$ の一次結合であることを知る．よってこの $n-r+1$ 個の点で張られた部分空間である．

逆に部分線型空間 S_{n-r} は r 個の一次独立な方程式で決定せられる．なんとなれば，S_{n-r} が $n-r+1$ 個の点 $(x^{(j)})\ (j=0,\ 1,\cdots,\ n-r)$ で張られているとする．するとそれらを通る超平面は

$$\sum_{i=0}^{n}u^{(i)}x_i^{(j)}=0\quad (j=0,\ 1,\cdots,\ n-r)$$

をみたす．この $u^{(0)},\cdots,u^{(n)}$ についての $n-r+1$ 個の一次独立な方程式の解 $(u'^{(0)},\cdots,u'^{(n)})$ を係数とする超平面はいずれも点 $(x^{(j)})$ を通る．そしてかくのごとき解 $(u'^{(0)},\cdots,u'^{(n)})$ のうち一次独立なものがちょうど r 個あ

って，それを $(u_i^{(0)}, \cdots, u_i^{(n)})$ $(i=1, 2, \cdots, r)$ とすれば

$$\sum_{j=0}^{n} u_i^{(j)} x_j = 0 \quad (i=1, 2, \cdots, r)$$

は一つの $n-r$ 次元の線型部分空間を決定し，しかもこれは $(x^{(j)})$ $(j=0, 1, \cdots, n-r)$ を含むから，はじめの S_{n-r} に他ならない．

§3·3　射　影　変　換

ベクトル空間 V_{n+1} から正則な一次変換

$$x_i' = \sum_{j=0}^{n} a_{ij} x_j \quad (i=0, 1, \cdots, n)$$

によって V'_{n+1} にうつすと，もちろん変換は線型加法的だから，V の部分空間 V_m を V' の部分空間 V_m' にうつす．したがって射影空間 S_n を射影空間 S_n' にうつす変換

$$(1) \qquad \rho x_i' = \sum a_{ij} x_j, \qquad \rho \neq 0$$

をひきおこす．これを $S \to S'$ の射影変換（または一次変換）という．

射影変換は直線は直線に，平面は平面に，‥‥うつし，しかもそれらの交わりに関しての関係はそのままに保存する変換である．しかし逆は必ずしも成り立たないことは前章末に論じた所である．

射影変換は行列 $A=(a_{ij})$, $|A| \neq 0$ で同型に表現される．そして，全体は群をつくる．これは $PGL(n+1, K)$ で示される．そして $A=\lambda A'$ $(\lambda \in K)$ なるとき，そのときに限り A, A' で表わされる射影変換は一致する．

それぞれ射影空間 S, S' の標構を変更すると，座標 (x_i), (y_i) の間に

$$(2) \qquad x_i = \sum_{j=0}^{n} b_{ij} y_j, \quad x_i' = \sum_{j=0}^{n} b_{ij}' y_j' \qquad (i=0, 1, \cdots, n)$$

なる一次の関係があるから，射影変換（1）は新座標 (y), (y') に関しては

$$y_i' = \sum c_{ij} y_j$$

ここに，$A=(a_{ij})$, $B=(b_{ij})$, $B'=(b_{ij}')$ $C=(c_{ij})$ とおくと

（3）$$C=B'^{-1}AB$$

であることは，よく知るところであろう．

射影変換の基本定理　n 次元射影変換は，$n+2$ 個の点 $(x^{(0)})$，$(x^{1)})$，$\cdot\cdot$，$(x^{(n)})$，(x^*) とそれの像 $T(x^{(0)})$，$T(x^{(1)})$，$\cdots$，$T(x^{(n)})$，$T(x^*)$ を与えることによって決定せられる．ただし，(x^i) も $T(x^{(i)})$ でもいずれの $n+1$ 個も同じ超平面上にはないとする．

（証明）　点 (x) に対する標構を，改めて $(x^{(0)}),\cdots,(x^*)$ に，また点 $T(x)$ に対する標構を $T(x^0),\cdots,T(x^*)$ に選ぶ．すると新座標に関して，変換行列 C は明らかに

$$C=\begin{pmatrix} c & & & \\ & c & & \\ & & \ddots & \\ & & & c \end{pmatrix}=cI$$

とならなければならない．よって $B'^{-1}AB=cI$，$A=cB'B$．B, B' は標構の変換として定まるから，A は未定係数 c を除いて一意的に定まる．ところが射影変換では係数 ρ は問題でないから，変換 A は一意的に定まっている．

前章において得ている結果を改めて解析的に導いておこう．

射影定理　S_m, S'_m を射影空間 S_n におかれた同次元の部分空間とし，第三の部分空間 S_{n-m-1} は S_m とも S'_m とも点を共有しないとする．S_{n-m-1} を中心として S_m 上の点 (x) を結んで S_{n-m} をつくり，S_{n-m} と S'_m との交わり (x') をとって，$(x)\to(x')$ と S_m を S'_m 上へ射影する．この射影は $S_m\to S'_m$ の一次変換である．

（証明）　S_{n-m-1} は $m+1$ 個の一次独立な方程式

（4）$$\sum u_0^i y_i=0,\ \sum u_1^i y_i=0,\ \cdots,\ \sum u_m^i y_i=0$$

で定められているとする．S_{n-m-1} と点 (x) で決定される S_{n-m} 上の点は S_{n-m-1} 上の一次独立な $n-m$ 個の点 $(y^{(1)}),\cdots,(y^{(n-m)})$ と (x) との一次結合である．したがって特に S_{n-m} と S'_m との交点 (x') もそうであって

（5）$$x'_k=\lambda x_k+\lambda_1 y_k^{(1)}+\cdots+\lambda_{n-m}y_k^{(n-m)}$$

そして x_k の係数 λ は 0 であり得ない．よって $\lambda=1$ と見なされる．（4）と（5）とから

（6）
$$\sum u_0^k x'_k=\sum u_0^k x_k=\alpha_0$$
$$\sum u_1^k x_k=\sum u_1^k x_k=\alpha_1$$
$$\cdots\cdots$$
$$\sum u_m^k x'_k=\sum u_m^k x_k=\alpha_m$$

S_m, S'_m は S_{n-m-1} と点を共有しないから，$\alpha_0=\alpha_1=\cdots=\alpha_m=0$ となることはない．S_m 内の座標（パラメター）を $(\gamma_0, \gamma_1, \cdots, \gamma_m)$ とすると，(x) は (γ) の一次結合，したがって α_i も (γ) の一次結合で

（7）
$$\alpha_i=\sum c_{ij}\gamma_j$$

ここに 行列式 $|c_{ij}|\fallingdotseq 0$. なんとなれば，$\alpha_0=\cdots=\alpha_m=0$ にはなり得ないからである．

同様に S'_m 内の座標を $(\gamma'_0\ \gamma'_1\cdots\gamma'_m)$ とすれば

(7′)
$$\alpha_i=\sum c'_{ij}\gamma'_j,\quad \text{行列式}\ |c'_{ij}|\fallingdotseq 0.$$

（7），(7′) から
$$\gamma'_i=\sum_{j=0}^{m} d_{ij}\gamma_j$$

注意　なお上の証明から，$(\alpha_0, \alpha_1, \cdots, \alpha_m)$ は S_m なり，S'_m なりの座標とみられる．実際（7），(7′) で，右辺の行列式が 0 でないからである．

§3·4　部分空間への射影

射影幾何学ないし代数幾何学で大切な作用として，全空間の部分空間への射影がある．これを取扱おう．

一次変換 $A=(a_{ij})$ が正則でなく，行列式 $|A|=0$ とする．いまもし A の位数が r で $r<n+1$ とする．すると

（1）
$$x'_i=\sum_{j=0}^{n} a_{ij}x_j\quad (i=0, 1, \cdots, n)$$

において，(x) が S_n を動いても，その像 (x') は全空間を埋め得ない．（1）の右辺の一次式の中 r 個一次独立だから，それら 0 をとおいてできる方程式で決定せられる S_{n-r} 上の点 (x) に対しては，像は定まらない．この S_{n-r} 外の点に対しては像は一意的に定まり，それらは r 個の一次独立な列ベクトル，例えば $(a_{i0}), \cdots, (a_{i,r-1})$ の一次結合である．したがって像の全体は $r-1$

次元の部分空間 S_{r-1} をつくる.

さて行列 A の中, 一次独立な r 行は最初の r 行であったとし,

$$(2)\qquad x_i'=\sum_{j=0}^{n} a_{ij}x_j \quad (i=0,1,\cdots,r-1)$$

は一次独立とする. すると上述の S_{n-r} は $\sum a_{ij}x_j=0$ $(i=0,\cdots,r-1)$ で決定せられる. 前節の所論から, S_{n-r} と空間の点 (x) を結んで得られる S_{n-r+1} と, 像のつくる空間 S_{r-1} との交わりは

$$\sum a_{ij}x_j=\beta_i \quad (i=0,1,\cdots,r-1)$$

で与えられる. (前節末注意). よって $x_i'=\beta_i$ は S_{r-1} の座標であり, (2) は S_{n-r} を中心として, 全空間を S_{r-1} へ射影したものと見られる.

定理 3·1　位数 $r(\leq n)$ の, 正則でない一次変換は, ある部分空間 S_{n-r} を中心として, 全空間を S_{r-1} へ射影することに他ならない.

§ 3·5　射影変換の分類

射影変換は正方行列 A で表現されるが, 標構のとり方で $B^{-1}AB$ に変形される. B を適当にとることにより, K が代数的閉体の場合には, Jordan の標準形 (基礎数学講座, 抽象代数学 94 頁) に直せる. したがって A は

$$\overbrace{\begin{pmatrix} \lambda & 1 & 0 & \cdot & \cdot & \cdot \\ 0 & \lambda & 1 & \cdot & \cdot & \cdot \\ \cdot & \cdot & \cdot & \cdot & \cdot & \cdot \\ 0 & \cdot & \cdot & \cdot & \lambda & 1 \\ 0 & \cdot & \cdot & \cdot & 0 & \lambda \end{pmatrix}}^{e}$$

なる形の小行列の対角線の上の列に変形される. ここに λ は A の固有値に他ならぬ. そしてこの表現を与える, V_e の基本ベクトルを $v_1,\cdots,v_e$ としておくと

$$A(v_1,\cdots,v_e)=(v_1,\cdots,v_e)\begin{pmatrix} \lambda & 1 & 0 & \cdot & \cdot \\ 0 & \lambda & 1 & \cdot & \cdot \\ \cdot & \cdot & \cdot & \cdot & \cdot \\ & & & & \end{pmatrix}$$

だから

$$\begin{aligned} Av_1 &= \lambda v_1 \\ Av_2 &= v_1 + \lambda v_2 \\ &\cdots\cdots\cdots\cdots \\ Av_e &= \qquad v_{e-1} + \lambda v_e \end{aligned}$$

となり，v_1 は固有ベクトルであり，部分ベクトル空間 (v_1, v_2)，(v_1, v_2, v_3)，$\cdots$ は A で不変である（その上の点は変るが）．

$n=2$ の場合にあらゆる型の変換を尽くすと

$$\begin{pmatrix} \lambda_1 & 0 & 0 \\ 0 & \lambda_2 & 0 \\ 0 & 0 & \lambda_3 \end{pmatrix},\quad \begin{pmatrix} \lambda_1 & 0 & 0 \\ 0 & \lambda_1 & 0 \\ 0 & 0 & \lambda_2 \end{pmatrix},\quad \begin{pmatrix} \lambda_1 & 0 & 0 \\ 0 & \lambda_1 & 0 \\ 0 & 0 & \lambda_1 \end{pmatrix},$$

$$\begin{pmatrix} \boxed{\begin{matrix} \lambda_1 & 1 \\ 0 & \lambda_1 \end{matrix}} & \begin{matrix} 0 \\ 0 \end{matrix} \\ \begin{matrix} 0 & 0 \end{matrix} & \lambda_2 \end{pmatrix} \begin{pmatrix} \boxed{\begin{matrix} \lambda_1 & 1 \\ 0 & \lambda_1 \end{matrix}} & \begin{matrix} 0 \\ 0 \end{matrix} \\ \begin{matrix} 0 & 0 \end{matrix} & \lambda_1 \end{pmatrix},\quad \begin{pmatrix} \lambda_1 & 1 & 0 \\ 0 & \lambda_1 & 1 \\ 0 & 0 & \lambda_1 \end{pmatrix}$$

である．これを Segre の記法で順次示せば

[1, 1, 1]，[(1, 1) 1]，[(1, 1, 1)]，[2, 1]，[(2, 1)]，[3]

である．

特に射影変換 T で，$T^2=1$ のとき，すなわち $T=T^{-1}$ のとき，T は**対合的**であるという．T が対合的であるためには，Jordan の標準形の組成分はすべて一次でなければならぬ．（なんとなれば $\lambda \neq 0$）

そして $\lambda_i^2=\mu$，したがって $\lambda_i=\pm\sqrt{\mu}$．$\mu=1$ に規格化して，T の標準形は

$$\begin{pmatrix} \left.\begin{matrix} 1 & & \\ & \ddots & \\ & & 1 \end{matrix}\right\} r+1 & \\ & \left.\begin{matrix} -1 & & \\ & \ddots & \\ & & -1 \end{matrix}\right\} n-r \end{pmatrix}$$

したがってはじめの $r+1$ 個のベクトルで張られる S_r の各点は不変，また残りの $n-r$ 個のベクトルで張られる S_{n-r-1} の各点は不変である．

§3·6　直積空間，複射影空間

射影幾何学においても，直積をつくることは重要である．射影空間 S_m の点

(x), S_n の点 (y) との組 (x, y)において，$(x, y)=(x', y')$ を $x=x'$, $y=y'$ に限った場合，(x, y) 全体を双射影空間といい，$S_m\times S_n$ で示す．

そして $S_m\times S_n$ の点の座標は

$$(x_0 x_1 \cdots x_m ; y_0 y_1 \cdots y_n)$$

であって $x_0'=\lambda x_0, \cdots, x_m'=\lambda x_m ; y_0'=\mu y_0, \cdots, y_n'=\mu y_n$ のとき，そのときに限り $(x, y)=(x', y')$ と定義する．$S_m\times S_n$ の次元は $m+n$であると定義する．

$S_m\times S_n$ は一対一双有理的に，射影空間 S_{mn+m+n} 内の代数的多様体——いくつかの斉次多項方程式で定義される——上に写される．実際

（1）　$$z_{ik}=x_i y_k \quad (i=0, \cdots, m, \quad k=0, 1, \cdots, n)$$

とおけば $(m+1)(n+1)$ 個の z_{ik} が得られるが，これらは全部同時に 0 となることはない．したがって $(z_{00}, z_{01}, \cdots, z_{m,n})$ は $mn+m+n$ 次元の射影空間 S_{mn+m+n} 内の点と見られる．

逆にかかる z_{ik} から，比例定数を除いて $(x_0, \cdots, x_m)$ および $(y_0, \cdots, y_n)$ は一意的に決定せられる．実際 $y_0\neq 0$ なら

$$x_0 : x_1 : \cdots : x_m = z_{00} : z_{10} : \cdots : z_{m0}$$

ところが z_{ik} は互に無関係ではなく

（2）　$$z_{ik} z_{jl} = z_{il} z_{jk} \quad (i\neq j, \ k\neq l)$$

なる $\binom{m+1}{2}\binom{n+1}{2}$ 個の二次同次方程式を満足する．逆にこれをみたせば z_{ik} : z_{il} は i に無関係だから，これによって $y_0 : y_1 : \cdots : y_n$ を定めることができ，また $z_{ik} : z_{jk}$ は k に無関係だから $x_0 : x_1 : \cdots : x_m$ は定められて，$z_{ik}=x_i y_k$ と見ることができる．このようにして $S_m\times S_n$ 上の点は S_{mn+m+n} 内で，$\binom{m+1}{2}\binom{n+1}{2}$ 個の二次方程式（2）で定義された多様体上の点と1対1双有理的対応がつけられる．

特に $m=1$ $n=1$ の場合，$S_1\times S_1$ は $(z_{00}, z_{01}, z_{10}, z_{11})$ で足り，しかも $z_{00}z_{11}=z_{01}z_{10}$ なる3次元射影空間内の二次曲面の点と1対1に対応する．したがって係数体 K が実数体の場合 $S_1\times S_1$ は，一葉双曲面と1対1有理的対応がつけられる．

複射影空間 $S_m\times S_n$ において，S_m および S_n それぞれのアフィン・モデル

A, A' をとり例えばそれらを $x_0 \neq 0$, $y_0 \neq 0$ とすれば，$A_m \times A'_n$ は $m+n$ 次元のアフィン空間 A_{m+n} をつくる．したがって $S_m \times S_n$ は $(m+1)(n+1)$ 個のアフィン空間で蔽い尽くされる．

そこで $m+n$ 次元の射影空間 S_{m+n} で $x_0 \neq 0$ として一つのアフィンモデル A_{m+n} をとり，A_{m+n} のコンパクト化として S_{m+n} を考えれば S_{m+n} は A_{m+n} に一つの無限遠超平面を付加したものであるに反し，$S_m \times S_n$ もやはり A_{m+n} の一つのコンパクト化と見られるが（$S_m \times S_n$ はコンパクトな S_m と S_n との直積としてコンパクト），この際は $H^{(1)} \times S_n$, $S_m \times H^{(2)}$（ここに $H^{(1)}$ は $x_0=0$ なる S_m の超平面，$H^{(2)}$ は $y_0=0$ なる S_n の超平面）を A_{m+n} に付加したものになっている．

$S_m \times S_n$ の次元を $m+n$ と定義したのは，アフィンモデルの次元が $m+n$ であるからである．射影空間 S_{m+n} では，r 次元の（線型）部分空間と $m+n-r$ 次元の部分空間とは必ず共通点をもつが，$S_m \times S_n$ では必ずしもそうではない．例えば $S_1 \times S_1$ において $x \times S_1$, $x' \times S_1$ とは決して交わらない．

双射影空間は代数的対応（後章）を扱うとき，基本的なものであるが，K が複素数体の場合 $S_1 \times S_1$ は複素函数論の基礎におかれた空間である．

§ 3·7 相関変換，零系

射影空間 S_n 内の超平面 H は $\sum_{i=0}^{n} u^i x_i = 0$ で表わされるから，係数 $(u^0, u^1, \cdots, u^n)$ で決定せられる．そこで (u^i) を超平面座標とよぶ．

別に (u^i) を座標とする n 次元射影空間を S^* とすれば，S^* の点に対し，S の超平面が対応している．そこで，S, S^* の二点の内積

$$(1) \qquad (u, x) = \sum_{i=0}^{n} u^i x_i$$

をと定義すれば，明らかに $(u, x+y)=(u, x)+(u, y)$, $(u+v, x)=(u, x)+(v, x)$ である．そして $u \neq 0$ なら $(u, x) \neq 0$ なる x は存在し，$x \neq 0$ なら $(u, x) \neq 0$ なる u も存在する．この故に S^* を S の**双対空間**とよぶ．

内積 (u, x) の下に，$(u, x)=0$ で，S^* の点には S の超平面，逆に S の

点には S^* の超平面が対応し，含む，含まれるという関係を保つ．S^* の点を S の超平面と解すれば，S の点には，それを通る超平面の一次結合の全体が得られる．（これを (x) を中心とする超平面の**星**という）

上述は射影幾何学の双対原理を解析的に表現したことに他ならぬが，この形で双対原理は広く数学全体に適用せられる．

さて射影空間 S から，双対空間 S^* への一次変換

$$(2) \qquad T: \quad \rho u^i = \sum_{k=0}^{n} a^{ik} x_k, \quad \text{行列式 } |a^{ik}| \neq 0$$

について考える．(u) を S の超平面の座標と見れば，T は S の点を S の超平面への対応づけである．T を S の**相関変換**という．

すると T の逆変換 $S^* \to S$ は

$$(3) \qquad T^{-1}: \quad \sigma x_k = \sum b_{kl} u^l.$$

いま (x) が S 内の超平面 $v: \sum v^k x_k = 0$ を動くとき，T によるその像 (u) は

$$\sum v^k b_{kl} u^l = 0$$

かみたすから，その像は S^* で

$$(4) \qquad \rho' y_l = \sum v^k b_{kl}$$

なる超平面（したがって S において見ると (y) を中心とする星）を動く．(4) を (2) に**双対**な T の表現という．

同様に T^{-1} の双対表現は次のように得られる．S^* で (u) が超平面 $\sum u^i y_i = 0$ を動くとき（(u) を S の超平面座標と見れば，S で (u) が (y) を中心とする星を動くとき），(u) の S における像 (x) は

$$\sum a^{ik} x_k y_i = 0$$

をみたすべきゆえ

$$(5) \qquad \sigma' v^k = \sum_{i=0}^{n} a^{ik} y_i$$

なる（S の）超平面を動く．(5) が T^{-1} の (3) に双対な表現である．

相関変換は，射影変換と共に群をつくる．相関変換二つの結合は S 内で点を

点にうつす一次変換として射影変換である．

相関変換の中，特に大切なのは，**対合的**なものである．すなわち $T=T^{-1}$ なものである．T が対合的なことは（2）と（5）とから

（6） $$a^{ki}=\lambda a^{ik} \quad (\lambda \neq 0)$$

と同値である．したがって

$$a^{ik}=\lambda a^{ki}=\lambda^2 a^{ik}.$$

a_{ik} は全部が 0 にはならないから，$\lambda^2=1$．よって $\lambda=\pm 1$．

（I） 第一の場合として $\lambda=1$，したがって $a^{ik}=a^{ki}$．

このときは $A=(a^{ik})$ は対称行列 ${}^tA=A$ である．特に点 (x) に応ずる超平面 (u) が (x) を含む条件は

（7） $$(u,\ x)=\sum a^{ik}x_i x_k=0$$

として，二次曲面が得られ，相関変換は二次曲面（7）の極→極面の対応に他ならない．よってこの対合を**極対応**という．

(II) $\lambda=-1$ の場合，したがって $a^{ik}=-a^{ki}$．

このときは A は斜対称で，${}^tA=-A$．この対合を**零系**（**相関**）といっている．零系では点 (x) のいかんを問わず (x) に応ずる超平面は必ず (x) を通る．実際

$$(u,\ x)=\sum_{i,k}a^{ik}x_ix_k=\sum_{i<k}(a^{ik}+a^{ki})x_ix_k=0.$$

逆に，相関（2）において，(x) のいかんを問わず，(u) が (x) を通るとき（2）は零系である．実際 $(x)=(1,\ 0,\cdots,0)$ ととり，$(u,\ x)=0$ に代入すると $a^{00}=0$．同様にして $a^{ii}=0$．次に (x) に $(1,\ 1,\ 0,\cdots,\ 0)$ をとり，$(u,\ x)=0$ に代入すると $a^{01}+a^{10}=0$．一般に $a^{ik}+a^{ki}=0$．

§ 3·8 二 次 曲 面

二次曲面は，対称行列 $A={}^tA$ が与えられたとき ${}^txAx=0$ をみたす点 x の全体：すなわち

$$\sum_{i,j=0}^{n} a_{ij}x_ix_j=0 \qquad a_{ij}=a_{ji}$$

で定義される．$n \leq 3$ の場合，解析幾何学で行ったと同じ方法で取扱うが，分類等は，無限遠超平面との関係を問題にしないから，遙かに簡単になる．例えば，$n=2$ のときは，二直線か，しからずば正則な二次曲線（K が実数体のとき，二次曲線はさらに実と虚とに分類される）の二種類しかない．

線型代数学から，よく知るとおり（対称行列の標準形についての）

定理 3·2 n 次元射影空間におかれた二次（超）曲面は，標構を適当に選ぶことにより

$$\sum_{i=0}^{s} d_i x_i^2 = 0, \quad d_i \in K, \quad s \leq n$$

で表わされる．

系 1 K が代数的閉体のときは $\sum_{i=0}^{s} x_i^2 = 0$ に帰着される．

系 2 K が実数体の場合には

$$x_0^2 + \cdots + x_t^2 - x_{t+1}^2 - \cdots - x_s^2 = 0$$

の形に帰着される．ここに $(t+1, s-t)$ は実二次曲面の不変数である．

s は行列 A の位数である．$s=n+1$ のとき，（すなわち $|A| \neq 0$），二次曲面は**正則**であるという．これに反して $s \leq n$ のときは $Ax=0$ をみたす点が存在する．これを二次曲面の**特異点**という．特異点の全体は線型部分空間 S_{n-s} をつくる．特異点が 0 次元（すなわち点）のとき**錐面**という．以下主に正則二次曲面について考察しよう．

空間の二点 (x), (y) が $(y, Ax) = {}^t y A x = 0$ をみたすとき，(y) は (x) に共役であるという．(y) が (x) に共役なら，(x) はまた (y) に共役．なんとなれば $0 = {}^t({}^t y A x) = {}^t x {}^t A y = {}^t x A y$ だからである．これは (y) が極相関 $(u=Ax)$ において，x に応ずる（極）超平面上にあることを意味する．そして二次曲面自身は，自己共役な点の軌跡として特長づけられる．

また点集合 M, N において，いずれの二点 $(x) \in M$,$(y) \in N$ も常に共役なとき，M と N とは共役であるという．(y_1), (y_2) が共に (x) 共役なら直線 $(y_1 y_2)$ も (x) に共役．なんとなれば (y, Ax) は双一次的．したがって M に共役な点全体は線型部分空間をつくる．これを M の**最大共役面**とよぶ．特異点

はその最大共役面が全空間であることと特長づけられる．点 (x) が特異点でないと，その最大共役面は，(x) の極超平面である．特に (x) が二次曲面上のとき，その極面は切超平面に他ならない．

また (y, Ax) の双一次性から，r 次元部分空間 S_r の最大共役面は r 次元星の中心，S_{n-r-1} である．

定理 3·3 相異なる二点 (x), (y) は二次超曲面 Q に関して共役とする．

（i） $x, y \notin Q$ のとき直線 xy と Q との二交点（必要なら K を拡大して）は二点 x, y を調和に分ける．(ii) $x \in Q$, $y \notin Q$ なら直線 xy は (x) において Q と接する（二交点が一致する）．(iii) $x \in Q$, $y \in Q$ なら直線 xy は Q に含まれる．逆に (i), (ii), (iii) のいずれかが成り立てば xy は Q に関し共役である．

（証明） (i), (ii) は明らか．(iii) は $(y, Ax)=0$, $(x, Ax)=0$ $(y, Ay)=0$ ゆえ $\forall\lambda$, μ, $(\lambda x+\mu y, A(\lambda x+\mu y))=0$．逆も明らか．

三次元空間における二次曲面（係数体は代数的閉体）は，常に二組の母線で蔽われている．これを高次元の場合について考えよう．二次超曲面 Q 上に横たわる線型部分空間を Q の**母面**といい，特に一次元母面を**母線**という．

定理 3·3 の逆命題により，部分空間 S_r が Q の母面なら，S_r 上の任意の二点は互に共役．したがって

定理 3·4 部分空間 S_r が Q の母面であるための条件は，S_r の最大共役面がS_r を含むことである．

系 S_r が Q の母面なら，$2r \leq n-1$.

なんとなれば S_r の最大共役面は $n-r-1$ 次元だからである.

定理 3·5 線型部分空間 S_r, S_{n-r-1} は,正則二次曲面 Q_{n-1} に関して共役とし，これらと Q_{n-1} との交わりをそれぞれ Q_{r-1}, Q_{n-r-2} とする．$S_m = S_r \cap S_{n-r-1}$ とおけば，Q_{r-1}, Q_{n-r-1} の特異点空間はともに S_m である．$S_m = \phi$ のときは,Q_{r-1}, Q_{n-r-2} はともに正則である．

（証明） 明らかに S_r 上の点の Q_{r-1} に関しての共役性と，Q_{n-1} に関する共役性とは一致する．S_m の任意の点は S_r のすべての点と共役だから，S_m の点は Q_{r-1} の特異点

である．逆に Q_{r-1} の特異点は S_r と共役だから，S_{n-r-1} に含まれ，したがって S_m に含まれる．よって Q_{r-1} の特異点空間は S_m である．Q_{n-r-2} についても同様．

定理 3·6 n が奇数のときは $q=\frac{1}{2}(n-1)$，偶数のときは $q=\frac{1}{2}(n-2)$ とおく．K が代数閉体ならば，n 次元射影空間におかれた正則二次曲面 Q_{n-1} には q 次元母面 S_q が存在する．同一の $k-1$ 次元母面 $S_{k-1}(1\leq k\leq q)$ を含むk 次元母面全体は，S_{k-1} を特異点空間とする二次曲面 $Q_{n-k-1}\subset Q_{n-1}$ をつくる．特に n が奇数のとき $q-1$ 次元母面 S_{q-1} を含む q 次元母面は二つある．

（証明） 0 次元母面 a は K が代数的閉体だから Q_{n-1} 上に存在する．そこで k についての帰納法で証明する．$k-1$ 次元母面 S_{k-1} の最大共役面を S_{n-k} とする．S_{k-1} は母面だから $S_{k-1}\subset S_{n-k}$. したがって定理 3·5 から S_{k-1} は S_{n-k} 内の二次曲面 $Q_{n-k-1}=S_{n-k}\cap Q_{n-1}$ の特異点空間である．いま S_{n-k} に含まれ，S_{k-1} とは交わらない $n-2k$ 次元部分空間 S_{n-2k} をとれば，$Q_{n-2k-1}=Q_{n-1}\cap S_{n-2k}$ は正則な二次曲面である．なぜなら，もし Q_{n-2k-1} が特異点 $z\in Q_{n-2k-1}\subset S_{n-2k}$ をもてば，z は S_{n-2k} と共役ゆえ，$S_{n-2k}\cup S_{k-1}=S_{n-k}$ と共役．すなわち $z\in S_{k-1}$ となり，$S_{k-1}\cap S_{n-2k}=\varphi$ に反する．Q_{n-2k-1} は Q_{n-k-1} に含まれるが，S_{k-1} は Q_{n-k-1} の特異点空間だから，$x\in Q_{n-2k-1}, y\in S_{k-1}$ とすれば $\lambda x+\mu y\in Q_{n-k-1}$.（定理 3·3）よって Q_{n-k-1} は Q_{n-2k-1} と S_{k-1} とで張られる．そこで $x\in Q_{n-2k-1}$ をとれば $x\cup S_{k-1}$ なる k 次元部分空間は Q_{n-1} 上に横たわる．すなわちこれは母面である．

逆に S_{k-1} を含む母面を S_k とすれば，任意の点 $y\in S_k$ は，S_{k-1} と共役だから，$y\in S_{n-k}$ でなければならぬ．故に $y\in Q_{n-k-1}$. すなわち $S_k\subset Q_{n-k-1}$. よって $S_k=x\cup S_{k-1}$, $x\in Q_{n-2k-1}$.

特に n が奇数で，$k=q=\frac{1}{2}(n-1)$ の場合には，$Q_{n-2k-1}=Q_0$ となり，Q_{n-2k-1} は相異なる二点である．よって（S_{q-1} を含む）q 次元母面 S_q は二つ存在する．

なお二次曲面には次のような標準形がある．

定理 3·7 K が代数的閉体のとき，S_n の正則二次曲面 Q_{n-1} は，座標系を適当にすれば，方程式

$$x^0x^n+x^1x^{n-1}+\cdots+x^qx^{q+1}=0 \quad (n=2q+1)$$

または

$$\frac{1}{2}(x^{q+1})^2=x^0x^n+x^1x^{n-1}+\cdots+x^qx^{q+2} \quad (n=2q+2)$$

で表わされる.

Q_{n-1} が上の標準形となるためには標構 $\{a_0, \cdots, a_n\}$ を次のようにとればよい. まず Q_{n-1} 上に同一母線上にない相異なる二点 $a_0, a_n \in Q_{n-1}$ をとる. 直線 a_0a_1 はそれと共役な S_{n-2} に交わらないから $Q_{n-3}=S_{n-2}\cap Q_{n-1}$ は S_{n-2} 内の正則二次曲面である. さらに Q_{n-3} 上に同一母線上にない二点 $a_1, a_{n-1} \in Q_{n-3}$ をとり, 以下かようなことを繰返して標構の頂点を定め, 適当に単位点をとればよい.

§ 3·9　三次元空間における直線 (Plücker 座標)

高次元空間における二次超曲面の例として, 3次元射影空間における直線の全体について考えよう.

3次元射影空間における二点 $(x), (y)$ で直線は決定せられるが, 行列

$$\begin{pmatrix} x_0 & x_1 & x_2 & x_3 \\ y_0 & y_1 & y_2 & y_3 \end{pmatrix}$$

から導かれる小行列式

$$p^{01}=\begin{vmatrix} x_0 & x_1 \\ y_0 & y_1 \end{vmatrix}, \quad p^{02}=\begin{vmatrix} x_0 & x_2 \\ y_0 & y_2 \end{vmatrix}, \quad p^{03}=\begin{vmatrix} x_0 & x_3 \\ y_0 & y_3 \end{vmatrix}$$

$$p^{23}=\begin{vmatrix} x_2 & x_3 \\ y_2 & y_3 \end{vmatrix}, \quad p^{31}=\begin{vmatrix} x_3 & x_1 \\ y_3 & y_1 \end{vmatrix}, \quad p^{12}=\begin{vmatrix} x_1 & x_2 \\ y_1 & y_2 \end{vmatrix}$$

の比は, この直線上の二点のとり方に無関係に定まる. 実際

$(x')=(\lambda x+\mu y), (y')=(\lambda' x+\mu' y)$ なるとき (ただし $\lambda\mu'-\lambda'\mu \neq 0$)

$$p'^{ij}=\begin{vmatrix} \lambda & \mu \\ \lambda' & \mu' \end{vmatrix} \begin{vmatrix} x_i & x_j \\ y_i & y_j \end{vmatrix} = \begin{vmatrix} \lambda & \mu \\ \lambda' & \mu' \end{vmatrix} p^{ij}$$

となるからである.

そこで S_3 における直線に対し, 5次元射影空間 $\tilde{S}_5$ の点

$$(p^{01}\ p^{02}\ p^{03}\ p^{23}\ p^{31}\ p^{12})$$

を対応して考えることができる.

しかし $\tilde{S}_5$ の任意の点には, 逆に S_3 の直線が対応しているわけでない. な

んとなれば

$$\begin{vmatrix} x_0 & x_1 & x_2 & x_3 \\ y_0 & y_1 & y_2 & y_3 \\ x_0 & x_1 & x_2 & x_3 \\ y_0 & y_1 & y_2 & y_3 \end{vmatrix} = 0$$

だから，これを二行について Laplace 展開をすれば

$$Q_4 \ : \ p^{01}p^{23}+p^{02}p^{31}+p^{03}p^{12}=0$$

なる関係式をうる．よって S_3 の直線には，$\tilde{S}_5$ における二次超曲面 Q_4 上の点が応じている．

逆に Q_4 上の点には S_3 の直線が対応する．(証明は，次章で一般論に含めて述べる)．

このように $p^{01} : p^{02} : p^{03} : p^{23} : p^{31} : p^{12}$ で直線が表わされるので，これを直線の **Plücker 座標**という．

さて S_3 における二直線 p, q が交わることは，$p=(x, y)$, $q=(z, w)$ なるとき

$$\begin{vmatrix} x_0 & x_1 & x_2 & x_3 \\ y_0 & y_1 & y_2 & y_3 \\ z_0 & z_1 & z_2 & z_3 \\ w_0 & w_1 & w_2 & w_3 \end{vmatrix} = 0$$

が必要十分であるから，これを二行で Laplace 展開して

$$\begin{aligned} p^{01}q^{23}+p^{02}q^{31}+p^{03}q^{12} \\ +p^{23}q^{01}+p^{31}q^{02}+p^{12}q^{03}=0 \end{aligned}$$ [1)]

にが必要十分であり，これは Q_4 の二点 (p), (q) が Q_4 に関して共役であることを示す．従って前節から (p), (q) が Q_4 の一つの母線上にあることを意味している．

いま Q_4 の二点 (p), (q) が，Q_4 の一つの母線 l 上にあるとする．すると (p), (q) で表わされる S_3 の直線は一点 $a \in S_3$ で交わるから，$p=(a, x)$,

1) 次章の Grassmann 代数の言葉でこれを証明しておこう．(p), (q) が交わることは $p \vee q=0$，ところが $p \vee q=\gamma^{-1}(\gamma p \wedge \gamma q)=p \llcorner \gamma q=(p, \gamma q)$．$(p, \gamma q)=0$ を Plücker 座標で書けば，この式が得られる．

$q=(a,\ y)$ となる点 $x,\ y\in S_3$ が存在する．母線 l 上の任意の点 $\lambda p+\mu q$ ($\lambda,\ \mu\in K$) は，S_3 の直線 $(a,\ \lambda x+\mu y)$ を表わすから，S_3 の直線 g が l 上の点に対応するための条件は g が三点 $a,\ x,\ y\ (\in S_3)$ で張られる平面 S_2 に含まれ，かつ点 a を通ることである．すなわち母線 l には，S_3 で点 a を中心とする S_2 の星が対応する．

次には，Q_4 と $\widetilde{S}_5$ の超平面との交わり

$$\sum_{i<k}\alpha^{ik}p^{ik}=0 \quad ただし \quad p^{ik}=-p^{ki}$$

の点で表わされる．S_3 の直線はどんな意味をもっているか．

かかる P_3 の直線のうち，S_3 の点 (y) を通っているものについて考えると，

$$p^{ik}=\begin{vmatrix} x_i & x_k \\ y_i & y_k \end{vmatrix}$$

となるような $(x)\in S_3$ が存在し，上の方程式は

$$\sum_{i<k}\alpha^{ik}(x_i y_k-x_k y_i)=0$$

(y) を固定すると，これは (x) に関して一次であるから，(y) を通る直線は同一平面上にある．そこで $\alpha^{ik}=-\alpha^{ki}$ として，上式を書き直せば

$$\sum_{i,k}\alpha^{ik}x_i y_k=0$$

いま，S_3 における零系相関

$$\rho v^i=\sum\alpha^{ik}y_k \quad (\alpha^{ik}=-\alpha^{ki})$$

を考えてみると，上の方程式は

$$\sum v^i x_i=0$$

となって，(y) を通る直線の全体の横たわる平面は，上の零系相関で (y) に対応する平面に他ならぬことを示している．

このように Q_4 と $\widetilde{S}_5$ との超平面の交わりに対しては

$$\rho v^i=\sum\alpha^{ik}y_k \qquad (\alpha^{ik}=-\alpha^{ki})$$

なる零系相関がこれに付随して考えられ，S_3 の点 (y) を通る（この系に属する）直線の全体は，ちょうど (y) に応ずる零系の平面になっている．

逆に任意に S_3 の零系相関 $\rho v^i=\sum\alpha^{ik}y_k$, $(\alpha^{ik}=-\alpha^{ki})$ が与えられるとする．

これにおいて (y) に応ずる平面上で，(y) を通る直線 g について考えると，$g=(x, y)$ なる $x \in S_3$ はあるが，$\sum v^i x_i=0$ であるから

$$\sum_{i<k} \alpha^{ik}(x_i y_k - x_k y_i)=0$$

よって g の Plücker 座標 (p^{ik}) は

$$\sum_{i<k} \alpha^{ik} p^{ik}=0$$

を満足する．従って零系相関に対して，Q_4 と $\tilde{S}_5$ の超平面の交わりが得られる．

かくして Q_4 と $\tilde{S}_5$ の超平面との交わりで表わされる直線の全体は，S_3 の一つの零系相関で，その点に対応する平面上で，その点を中心とする星の全体が対応している．

さらに S^3 における二次曲面の母線との関係について注意しておこう．係数体が代数的閉体（従って複素数体）の，S_3 における二次曲面は常に二系の母線によって被われた線織面である．従って（同一系の三母線）に交わる直線の軌跡として二次曲面が得られる．

一般に空間における三直線 g_1, g_2, g_3（いずれの二つも交わらない）に交わる直線の軌跡は二次曲面である．

実際 $g_1=(x, y)$ とし，(x)（または (y)）と g_2 で決定される平面を $u(u')$，(x)（または (y)）と g_3 とで決定される平面を $v(v')$ として，g_1 上の他の点 (z) と g_2（または g_3）で決定される平面が $\lambda u+\mu u'=0$（または$\lambda v+\mu v'=0$）となるようにできる．従って g_1, g_2, g_3 に交わる直線の軌跡は $uv-u'v'=0$ として二次である．

さてこれを Plücker 座標でいい表わすと，g_i に交わることは p^{ik} について一次だから，S_3 の二次曲面 Q_2 の同一系の母線の全体は一次方程式

$$\sum \pi_j^{ik} p^{lm}=0 \qquad (j=1, 2, 3)$$

ここに π_j^{ik} は g_j の Plücker 座標．しかして (π_3) は (π_1), (π_2) の一次結合ではない．（なんとなれば，(π) はすべて Q_4 上（$\tilde{S}_5$ の二次曲面）にあって，

Q_4 の同一母線上にはないから，三点 $(\pi_1),(\pi_2),(\pi_3)$ は同一直線上にはありえない）従ってこれら三方程式は一次独立．よって Q_2 の同一系の母線は Q_4 上の二次曲線 Q_1 である．

他の系の母線も Q_4 上の二次曲線 Q_1' ではあるが，これは Q_1とは点を共有しない．そして Q_1 と Q_1' とは，いずれか一方の三点の Q_4 に関しての極超平面の交わりの2次元平面（と Q_4 の交わり）であり，これははじめの三点のとり方には無関係である．すなわち Q_1 と Q'_1 とは Q_4 に関して共役である．

§3·10　アフィン変換，アフィン空間

射影空間 $S_n(K)$ 内に，一つの超平面 S_{n-1} を指定し，この S_{n-1} を変えない（S_{n-1} 上の点は動いても S_{n-1} 自体は変らない）射影変換は群をつくる．この部分群を**アフィン群**といい，$AL_n(K)$ で示す．S_n の標構 $\{a_0, a_1, \cdots, a_n\}$ で，$a_1, a_2, \cdots, a_n$ を指定した S_{n-1} 上にとったものを**アフィン標構**という．すると S_{n-1} の方程式は $x_0=0$ である．

アフィン標構に関して，$AL_n(K)$ の変換 α は

$$\alpha : \begin{cases} x_0'=a_{00}x \\ x_i'=\sum_{j=0}^{n} a_{ij}x_j \quad (i=1, 2, \cdots, n) \end{cases}$$

従って

$$\alpha : \begin{pmatrix} a_{00} & 0\cdots\cdots 0 \\ a_{10} & a_{11}\cdots a_{1n} \\ \cdots & \cdots\cdots \\ a_{n0} & a_{n1}\cdots a_{nn} \end{pmatrix}$$

の形をとる．

S_n から，この S_{n-1} をとり除いたもの（点集合として），$E_n=S_n-S_{n-1}$ を，**アフィン空間**という．アフィン空間は数空間 K_n と点集合として1対1に対応し，K が位相体の場合は，E_n と K_n とは同位相である．それには E_n に非斉次座標 $\xi_i=x_i/x_0$ が導入できるからである．（なんとなれば E_n 上ではいたるところ $x_0\neq 0$）．そして除いた S_{n-1} の近傍では $\xi_i\to\infty$ になるから，この S_{n-1} を E_n の**無限遠超平面**（これを S_{n-1}^{∞} で示す），その点を**無限遠点**と称える．

そして非斉次座標に関して，アフィン変換は

$$\xi_i' = a_{i0}' + \sum_{j=1}^{n} a_{ij}'\xi_j \quad (i=1, 2, \cdots, n)$$

$$\text{ここに}\quad a_{ij}' = a_{ij}/a_{00}$$

と表わされる．

S_n の r 次元部分空間 S_r が S_{n-1}^{∞} に含まれないとき，$E_r=S_r\cap E_r$ は $S_{r-1}^{\infty}=S_r\cap S_{n-1}^{\infty}$ を無限遠超平面とするアフィン空間と考えられる．この E_r を E_n の r 次元部分（線型）空間という．

同一の無限遠点を通る E_n の二直線は**平行**であるという．（これらは同一2次元平面上にあり，しかも E_n 内では交わらない）．また E_n の直線と S_{n-1}^{∞} との交点のアフィン標構に関する座標を $(0, l_1, \cdots, l_n)$ とするとき，S_{n-1}^{∞} の上の射影座標 $(l_1, \cdots, l_n)$を l の**方向比**という．

S_{n-1}^{∞} 上のすべての点を動かさないアフィン変換は $AL_n(K)$ の正規部分群 $D_n(K)$ をつくる．これを**平行移動群**という．非斉次座標でこれを表わせば

$$\xi_i' = \xi_i + \beta_i$$

そして明らかに $AL_n(K)/D_n(K)\cong GL_n(K)$

また E_n 上の一点 a_0（とくに a_0 をアフィン標構の頂点に選ぶ）を動かさないアフィン変換は部分群 $R_n(K)$ をつくるが，これは $GL_n(K)$ と同型である．よってアフィン変換群は $R_n(K)$ で剰余類に分けると

$$AL_n(K) = \sum R_n(K)\cdot\alpha. \quad \alpha\in D_n(K)$$

とくに $R_n(K)$ の変換で

$$-x_0^2 + x_1^2 + \cdots + x_n^2 = 0$$

を変えない変換，すなわち非斉次座標で

$$\xi_1^2 + \xi_2^2 + \cdots + \xi_n^2 = 1$$

を不変にするものを，**直交変換群**といい，$O_n(K)$ で示す．

$\alpha\in O_n(K)$ のとき，これを非斉次座標に関して行列に表わして $\alpha=A$ とすれば

$\xi=A\xi'$（ここに ξ は列ベクトル）．すると $1=\sum\xi_i^2={}^t\xi\xi$ で $1={}^t\xi\xi={}^t\xi'{}^tAA\xi'$

$={}^t\xi'\xi'$ となるべきだから ${}^tA\cdot A=1_n$ (単位行列). よって $A\in O_n(K)$ の条件は

$$ {}^tA=A^{-1} $$

である.

さらに $H_n=\sum O_n\cdot\alpha,\ \alpha\in D_n(K)$ とするとき, $\beta\in H_n$ なら

$$\beta=\begin{pmatrix} 1 & 0\cdots\cdot 0 \\ b_1 & \\ \vdots & A_n \\ b_n & \end{pmatrix}$$

と表わされるから, これは $x_0=0,\ \sum_{i=1}^{n}x_i^2=x_0^2$ の交わり, すなわち S_{n-1}^{∞} と $\sum_{i=1}^{n}\xi_i^2=1$ との交わりを動かさない. これを**運動群**という.

さて $A\in O_n(K)$ のとき, 明らかに $|A|=\pm1$. このうち $|A|=1$ の部分群を**特殊直交群** といい SO_n で示す. すると O_n/SO_n の指数は明らかに2である.

次に K が複素数体の場合, 変換 φ に複素共役な変換を $\bar{\varphi}$ で示す. とくに, アフィン空間で $\sum\xi_i\bar{\xi}_i=1$ を不変にする変換 α, すなわち ${}^t\bar{A}A=1_n$ なる α を, ユニタリー変換といい, これのつくる群を U_n で示す.

以上, 本節で, 射影空間からアフィン空間を導き, 解析幾何学でよく知っていることがら(概念)を導いたのである. しかし射影幾何学はユークリッド幾何(従ってアフィン幾何)から, アフィン空間に無限遠点を付加し, 無限遠超平面をつけ加えてコンパクト化し, アフィン空間では平面上の二直線が交わるか平行であるかの二つの場合が起ることで, 場合の分類が面倒になるところを, 単一に統一し, その結果射影幾何学の双対性を得て, その構造が見通しやすくするために生まれたのである. しかし射影幾何学の利点は, この理論的体系の内観的統一だけにとどまらない. 無限遠超平面は特殊のものでなく, 射影空間では単に任意特定にそれとして指定した超平面に過ぎない. 従って好むところにそれを指定することによって, アフィン幾何をも射影的にとり扱うことができるのである. この自由な点に射影幾何の幾何学らしい直観の活動する場所がある. またこのような思惟の自由さを数学にもちこんだ最初の部門がこの

射影幾何学だったのである．現代数学において，この選択の自由さ，また双対性による思惟がいかに重要な役割を演じているかは，この講座全体から感得されるところであろう．

第 4 章 Grassmann 多様体

§ 4·1 等質空間

可換体 K 上の射影空間 S_n をとると，n 次元射影変換群 $PGL(n+1)$ の元は S_n 上の点を推移的にうつす．S_n の点を $n+1$ 次元ベクトル空間 E_{n+1} にうつすと，一般一次変換群 $GL(n+1)$ は E_{n+1} の自己同型を与える．すなわち標構を一つ定めると，E_{n+1} は $x={}^t(x_0x_1\cdots x_n)$ なる縦ベクトルで表わされ，$GL(n+1)$ の元 g は K における $n+1$ 次正則行列 $A_g(|A_g|\neq 0)$ で表わされ

$$gx=A_gx.$$

射影変換の基本定理（§ 3·3）により x, x' を E_{n+1} に勝手に与えるとき $gx=x'$ となるような変換 g は常に見出だされる．すなわち $PGL(n+1)$ は**推移的**（可遷的）である．

そして一点，例えば $(1\ 0\cdots 0)$ を動かさない $PGL(n+1)$ の変換は，明らかに $PGL(n+1)$ の部分群をつくる．これを H とする．H の変換 h は行列で表わせば $h\,{}^t(1, 0, \cdots, 0)={}^t(c\ 0\cdots 0)$ ゆえ

$$A_h=\left(\begin{array}{c|ccc} c & * & \cdots\cdots & * \\ \hline 0 & * & \cdots\cdots & * \\ \vdots & & & \\ 0 & * & \cdots\cdots & * \end{array}\right)\quad (c\in K,\ c\neq 0)$$

なる形をもつ[1]．そこで $PGL(n+1)=G$ を H で剰余類に分かち

$$G=\sum gH$$

とすれば，同一の剰余類の変換はすべて $(1\ 0\cdots 0)$ を同一点 $g(1\ 0\cdots 0)$ にうつす．明らかに $(1\ 0\cdots 0)$ を $g(1\ 0\cdots 0)$ にうつすものはその類に入らねばならぬ．かつ $PGL(n+1)$ は推移的だから，S_n の任意の点 x' に $(10\cdots 0)$ をうつす類が存在する．従って S_n の点と，剰余類の集合 G/H の元とは1対

1) これらが部分群をつくることは行列の計算からも明らかであろう．

1に対応する.

他方 $GL(n+1)$ の元 g は，$n+1$ 次正方行列 A_g で表わされ，$|A_g|\neq 0$. そこで $n+1$ 次正方行列の全体は，K 上の $(n+1)^2$ 次元のベクトル空間 $V_{(n+1)^2}$ と見られ，$GL(n+1)$ はその $V_{(n+1)^2}$ から $|A|=0$ なる超曲面をとり除いたものと見られる.

そこで $PGL(n+1)$ は次元 $(n+1)^2-1$ の射影空間 $S_{(n+1)^2-1}$ から $|A|=0$ をとり除いたものと見られる.

この $V_{(n+1)^2}$ で，上述部分群 H に入る元に応ずるベクトルは線型部分空間をつくること（$V_{(n+1)^2}$ 上のベクトル和は，表現行列の和で定義する）は自明である. 従って $S_{(n+1)^2-1}$ でも同様のことが成り立つ.

そこで $S_{(n+1)^2-1}$ の点 g_1, g_2 で，$g_2\in g_1H$ なるとき，g_1 と g_2 とを同一視する（すなわち剰余類 gH をもって一点とよぶ）ことにする. かくして得られる点集合を，群 G の部分群 H による**商空間**という.

この言葉をもってすれば，射影空間 S_n の点は $PGL(n+1)$ の部分群 H による商空間の点と1対1に対応する. かく群の商空間と1対1に対応する空間を**等質空間**という.

とくに体 K を実数体 R, または複素数体 C にとるときは，普通の位相をとり入れることにより，群空間 $S_{(n+1)^2-1}$ も位相空間である. その位相をそのまま商空間にもちこむことによって G/H も位相空間であり，明らかに射影空間 S_n と G/H はその位相の下に位相合同である. また S_n の $(1\ 0\cdots 0)$ の近傍は，G/H の単位元の近傍と位相合同であり，G は推移的ゆえ，S_n のいずれの点の近傍も G/H の単位元の近傍と位相合同であり，S_n の点はこの意味でいたるところ等質である. このゆえに等質空間（homogeneous）とよばれるのである.

注意 $G=PGL(n+1)$ の群空間は上述の位相で，$S_{(n+1)^2-1}$ の開集合（なんとなれば $|A|=0$ を除いている）であるが，G/H は S_n と同位相でコンパクトである.

一般に（位相）空間 M に（位相）群 G が推移的に作用する. すなわち $g\in G$ に，$x\in M$ に対し $gx\in M$, $(g_1g_2)x=g_1(g_2x)$；かつ任意の対 x, x' に対

し $x'=gx$ なる $g\in G$ が存在するとき，M を G についての**等質空間**という．M の一点 x_0 を動かさない部分群を H とすれば，M は商空間 G/H と1対1（同位相）と見られる．そこで M を G/H と同一視する．

さて S_n の双対空間 S^* をとる．すなわち行ベクトル $(u_0\,u_1\cdots u_n)$ の全体をとる．従って $(1\ 0\cdots 0)\in S^*$ には，S_n では $x_0=0$ なる超平面が応じている．$x_0=0$ を不変にする，S_n のアフィン変換は部分群 H^* をつくるが，それの変換 h^* は

$$A_h{}^*=\begin{pmatrix} c & 0\cdots\cdots 0 \\ * & *\cdots\cdots * \\ * & *\cdots\cdots * \end{pmatrix}$$

の形で表わされる．実際 S_n では $h^*(0\,x_1\cdots x_n)=A_h{}^*(0x_1\cdots x_n)=(0x_1{}'\cdots x_n')$ であり，あるいは S^* では $(1\ 0\cdots 0)h^*=(1\ 0\cdots 0)A_h{}^*=(c\ 0\cdots 0)$ となる．

従って G を H^* の右剰余類に分け $G=\sum H^*g$ とするとき，S^* は G/H^* と同一視される．これは前の G/H の転置行列をとることによって互に対応づけられることを示している．

また S_n に対し，$x_n=0$ を不変にするアフィン変換の全体は

$$H'\ :\ \left(\begin{array}{ccc|c} * & \cdots\cdots & * & * \\ \vdots & & & \vdots \\ * & \cdots\cdots & * & * \\ \hline 0 & \cdots\cdots & 0 & 1 \end{array}\right)$$

であって，S_n の超平面の全体は左剰余類による商空間 G/H' と見ることが許される．そして H と H' との形からも，$G/H=S_n$ と $G/H'(=S^*)$ が双対なことは一目瞭然であろう．

§4·2　Grassmann 多様体

射影空間 S_n の点をベクトル空間 V_{n+1} のベクトルとして考える．$GL(n+1)$ において，正方行列を最初の $r+1$ 行，$r+1$ 列と，残りの $n-r$ 行，$n-r$ 列の小正方形に分けて考え

$$\begin{pmatrix} GL(r+1) & * \\ 0 & GL(n-r) \end{pmatrix} \quad (*\text{の部分は任意})$$

なる形の行列全体から成る部分群を $GL_{r+1,\, n-r}$ で示す.

$GL_{r+1,\, n-r}$ に属する変換は, $e_0={}^t(1\,0\cdots0), \cdots, e_r={}^t(\overbrace{0\cdots\cdots1}^{r+1}0\cdots\cdots)$ なる $r+1$ 個の基本ベクトルで張られた部分ベクトル空間を変えない. (部分ベクトル空間内では点は動こうが全体としては不変) 逆にこの部分ベクトル空間を不変にする $GL(n+1)$ の元は $GL_{r+1,\, n-r}$ に属していなければならぬことも明らかであろう.

なお射影変換の基本定理で, $r+1$ 次元ベクトル空間を任意に二つ与えても, 一方を他方へうつす射影変換は存在する. よって $GL(n+1)$ はその $r+1$ 次元部分ベクトル空間の集合の上に推移的である. そしてその一つを不変にするのが, $GL_{r+1,\, n-r}$ だから V_{n+1} の $r+1$ 次元の部分ベクトル空間の全体は, 商空間 $GL(n+1)/GL_{r+1,\, n-r}$ と同一視される. 従って

n 次元射影空間 S_n の r 次元部分空間の全体は $GL(n+1)/GL_{r+1,\, n-r}$ と同一視される.

これを r 次元の **Grassmann 多様体**と称え, $\mathfrak{H}(n, r)$ で示す.

いま $\alpha\in GL(n+1)$ とし,

$$\alpha=\begin{pmatrix} a_{00}\cdots\cdot a_{0r}\cdots\cdot a_{0n} \\ a_{10}\cdots\cdot a_{1r}\cdots\cdot a_{1n} \\ \\ \\ \\ a_{n0}\cdots\cdot a_{nr}\cdots\cdot a_{nn} \end{pmatrix}, \quad \bar{\alpha}=\begin{pmatrix} a_{00}\cdots\cdots a_{0r} \\ \vdots \qquad \vdots \\ a_{r0}\cdots\cdots a_{rr} \\ a_{r+10}\cdot\cdot a_{r+1r} \\ \vdots \qquad \vdots \\ a_{n0}\cdots\cdots a_{nr} \end{pmatrix}$$

とおけば, $\det|\alpha|\neq0$ だから, $\bar{\alpha}$ の位は $r+1$ でなければならぬ. そして α の $GL_{r+1,n-r}$ による剰余類は $\bar{\alpha}$ で決定される. 実際基本ベクトル $e_0, \cdots, e_r$ $(e_i={}^t(\overbrace{0\cdots\cdots1}^{i+1}0\cdots\cdots))$ を $\bar{\alpha}$ にうつす射影変換 $(\in GL(n+1))$ の任意の一つを φ とすれば, $\alpha^{-1}\varphi$ は $(e_0, \cdots, e_r)$ の各々を動かさない. したがって $\alpha^{-1}\varphi\in GL_{r+1,n-r}$. よって $\varphi\in\alpha GL_{r+1,\, n-r}$.

そこで一般な位置にある $r+1$ 次元のベクトル空間 V'_{r+1} をとると, V' の

$V^0_{r+1}=(e_0, e_1, \cdots, e_r)$ への射影は V^0 と一致するから，V' を決定するベクトルとして

$$\bar{\alpha}_0=\begin{pmatrix} 1 & 0\cdots\cdots & 0 \\ 0 & 1 & \vdots \\ \vdots & 0 & \vdots \\ \vdots & \vdots & 0 \\ 0 & 0 & 1 \\ a_{r+1} & a_{r+11} & a_{r+1r} \\ \vdots & \vdots & \vdots \\ a_{n0} & a_{n1}\cdots\cdots & a_{n,r} \end{pmatrix}$$

を一意的に選ぶことができる．従って $\mathfrak{H}(n, r)$ から V^0 への射影が V^0 と一致しない $r+1$ 次元ベクトル空間を除いたものの全体（それは $\mathfrak{H}(n, r)$ の部分多様体をつくる）をとると，これはアフィン空間で，その座標は $\{a_{ij}, r+1\leq i\leq n,\ 0\leq j\leq r\}$ であり，次元は $(n-r)(r+1)$ である．すなわち

$$\dim\mathfrak{H}(n, r)=(n-r)(r+1)$$

これは $GL(n+1)/GL_{r+1,\,n-r}$ から $\dim GL(n+1)-\dim GL_{r+1,\,n-r}$ としても見られることである．

なお，上述は $\mathfrak{H}(n, r)$ から部分多様体を除いた開集合の $\mathfrak{H}'$ の点の座標であったが，$\mathfrak{H}(n, r)$ 自身の座標が考えられる．これについては § 4·5 Plücker 座標において述べる．

注意　$\mathfrak{H}'$ がアフィン空間であることは，$\mathfrak{H}(n, r)$ が有理多様体なることを示している（本講座，中井，永田「代数幾何学」参照）．

§ 4·3　旗と旗多様体

射影空間 S_n 内の 0 次元から n 次元までの線型空間の列

$$S_0\subset S_1\subset\cdots\subset S_n$$

が定められているとき，この一組 $\{S_0, S_1, \cdots, S_n\}$ を S_n の一つの**旗**とよぶ．

S_n を $n+1$ 次元のベクトル空間 V_{n+1} において，V_{n+1} の基本ベクトル $e_0, e_1, \cdots, e_n$ を，$(e_0, \cdots, e_r)$ で決定されるベクトル空間が，ちょうど旗 $\{S_0. S_1, \cdots, S_n\}$ の S_r に対応するように選んだとする．すると旗 $\{S,_0 S_1, \cdots, S_n\}$ を不変にする変換は，

$$\begin{pmatrix} a_{10} & a_{01}\cdots\cdots\cdots & a_{0n} \\ 0 & a_{11}\cdots\cdots\cdots & a_{1n} \\ 0 & 0\ a_{22}\cdots\cdots & a_{2n} \\ & & \\ 0 & 0\ \cdots\cdots 0 & a_{nn} \end{pmatrix}$$

の形でなければならず，またそれで十分なことは明らかであろう．このように主対角線の下が0である行列で表現される変換から成る部分群を $\varDelta_{n+1}$ で表わす．するとこの場合旗 $\{S_0, \cdots, S_n\}$ を不変にする部分群は $\varDelta_{n+1}$ である．

ところが $PGL(n+1)$ はもちろん S_n の旗全体の上に推移的に作用するから，

定理 4·1 S_n の旗全体は，商空間 $GL(n+1)/\varDelta(n+1)$ と同一視される．

この多様体を S_n の**旗多様体**という．

S_n の旗多様体に対して，ユークリッド空間で Stiefel 多様体が考えられるので注意しておく．

E_n を n 次元ユークリッド空間とし，$e_1, e_2, \cdots, e_n$ をその一つの直交基とする．E_n の（原点を変えない）直交変換は群 O_n をつくる．

さて旗に対して，

$$\{e_1\}\subset\{e_1, e_2\}\subset\cdots\subset\{e_1, e_2, \cdots, e_n\}$$

を考え，$\{e_1, e_2, \cdots, e_k\}$ を**直交 k-標構**と称える．

この直交 k-標構 $\{e_1, \cdots, e_k\}$ を不変にする O_n の部分群は $1_k\times O_{n-k}$ である．ここに 1_k は単位変換（単位行列）を意味する．

E_n の原点を共有する直交 k-標構全体の上に O_n は推移的に作用するから，

定理 4·2 ユークリッド空間 E_n の直交 k-標構（原点を共有する）の全体は，商空間 $O_n/1_k\times O_{n-k}$ と同一視される．

これを **Stiefel 多様体**といい，次の記号で示す．

$$S_{k,\ n-k}=O_n/1_k\times O_{n-k}$$

注意 Stiefel 多様体に対して，自然写像

$$O_n=S_{n,\ 0}\to S_{n-1,\ 1}\to\cdots\to S_{2,\ n-2}\to S_{1,\ n-1}=K_{n-1}{}^{1)}$$

を考えれば，各写像およびこれらをいくつか結合したものは，バンドル構造の射影にな

っている[2].

§4·4 Schubert 多様体

Grassmann 多様体 $\mathfrak{H}(n, m-1)$ の部分多様体について考察する.

射影空間 S_n 内に，例えば

（1） $S_0 \subset S_2 \subset \cdots \subset S_{m-1}$ $(\dim S_j = j)$

なる部分線型空間の列が与えられると，S_n 内の $m-1$ 次元線型空間 X で $\dim(X \cap S_i) \geq i$ なる X は明らかに S_{m-1} 自身より存在しない．しかし部分空間の列を（1）のように継続的にとらないで，とびとびにとれば X は数多く存在することになろう．（以下では S_n をベクトル空間 V_{n+1} において考える）

いま整数の組 $\{1, 2, \cdots, m\}$ の上で定義された整数値函数 σ で

（2） $0 \leq \sigma(1) \leq \sigma(2) \leq \cdots \leq \sigma(m) \leq r$ $(r = n+1-m)$

をみたすものを (m, r) 型の **Schubert 函数** といい，このような函数全体を $\Phi(m, r)$ で表わす.

一つの Schubert 函数 $\sigma(\in \Phi(m, r))$ に対して，ベクトル空間 $V_{n+1} = V_{m+r}$ 内のベクトル空間

（3） $V_{\sigma(1)+1} \subset V_{\sigma(2)+2} \subset \cdots \subset V_{\sigma(m)+m}$

をとり,

（4） $\dim(X \cap V_{\sigma(i)+i}) \geq i,$ $(i = 1, 2, \cdots, m)$

をみたす m 次元ベクトル空間 X（従って S_n では $m-1$ 次元部分空間）の集合を **Schubert 多様体**という．これを $\Omega(\sigma, m)$ で示す.

列（1）で与えた場合は $\sigma(1) = \cdots = \sigma(m) = 0$ の自明的な場合であった.

さて $\sigma(i) < \sigma(i+1)$ が起る場所 i を σ の**跳躍点**と名づける．Schubert 函数 σ に対して，新しい函数 $\sigma^k (1 \leq k \leq m)$ を

（5） $\sigma^k(i) = \sigma(i)$ $(i \neq k)$; $\sigma^k(k) = \sigma(k) + 1$

と定義すれば，$\sigma^k \in \Phi(m, r)$ なるためには，k が σ の跳躍点でなければなら

1） K_{n-1} は $n-1$ 次元球を表わす.
2） 大槻富之助：接続の幾何学（本講座）29 頁参照.

ず，またそれで十分である．

さらに σ_k $(1 \leq k \leq m)$ を

（6）　　$\sigma_k(i)=i\ (i \neq k),\ \sigma_k(k)=\sigma(k)-1$

と定義すると，$\sigma_k \in \Phi(m, r)$ なる条件は $k-1$ が跳躍点なることである．

$\sigma(i)=\sigma(i+1)$ のときは $\dim(X \cap V_{\sigma(i+1)+i+1})=\dim(X \cap V_{\sigma(i)+i+1}) \geq i+1$ なら，当然 $\dim(X \cap V_{\sigma(i)+i}) \geq i$ でなければならぬ．従って条件（4）で本質的なのは，i が跳躍点である場合だけである．（ただし $\sigma=(0)=0$, $\sigma(m+1)=r$ と定義を追加しておく）．

Schubert 多様体 $\Omega(\sigma, m)$ は，基にとったベクトル空間の列（3）に従属するが，同一の σ から定義される二つの Schubert 多様体の各者は V_{n+1} の変換で互にうつり変ることができる．

そこで列（3）のとり方を次のように定めよう．まず $V_{n+1}=V_{m+r}$ の旗

（7）　　$V_1 \subset V_2 \subset \cdots \subset V_{m+r} \qquad (\dim V_i=i)$

を固定する．そして Schubert 函数 σ に対する $V_{\sigma(i)+i}$ は，すべてこの旗に属するものをとることにする．

次に**開 Schubert 多様体**として，$E(\sigma, m)$ を

（8）　　$E(\sigma, m)=\Omega(\sigma, m)-\sum_i \Omega(\sigma_i, m)$

と定義する．ここに σ_i は（6）で定義された函数で，$\sum_i$ は $\sigma_i \in \Phi(m, r)$ なる i についての和集合を表わす．

補題 1　m 次元ベクトル空間 X が $E(\sigma, m)$ に属する条件は

（9）　　$\dim(X \cap V_{\sigma(i)+i})=i,\ \dim(X \cap V_{\sigma(i)+i-1})=i-1$

がいずれの $i(1 \leq i \leq m)$ に対しても成り立つことである．

（証明）　まず（9）が成り立つとすると，第1条件から X は $\Omega(\sigma, m)$ に入る．$i-1$ が跳躍点のとき $\sigma(i)-1=\sigma_i(i)$ で，第2条件から $\dim(X \cap V_{\sigma_i(i)+i})=i-1<i$ であるから X は $\Omega(\sigma_i, m)$ に入らない．よって $X \in E(\sigma, m)$．

逆に $X \in E(\sigma, m)$ とする．$X \in \Omega(\sigma, m)$ から $\dim(X \cap V_{\sigma(i)+i-1}) \geq i-1$ でなければならない．$i-1$ が跳躍点の場合，$\sigma_i \in \Phi(m, r)$ であり，（8）から $\dim(X \cap V_{\sigma(i)+i-1})$

$=\dim(X\cap V_{\sigma_{i(i)}+i})<i$. 故に $\dim(X\cap V_{\sigma(i)+i})<i+1$. 従って $\dim(X\cap V_{\sigma(i)+i})=i$, また $\dim(X\cap V_{\sigma(i)+i-1})=i-1$.

次に $i-1$ が跳躍点でなかったとする. $i=1$ のとき $V_{\sigma(1)+1}=V_1$ ゆえ (9) は成り立つ. そこで i についての帰納法による. 帰納法の仮設から $\dim(X\cap V_{\sigma(i-1)+i-1})=i-1$, ところが $\sigma(i-1)=\sigma(i)$ ゆえ $\dim(X\cap V_{\sigma(i)+i-1})=i-1$. 従ってまた $\dim(X\cap V_{\sigma(i)+i})\leq i$. しかるに $X\in\Omega(\sigma, m)$ だから, (4) が成立し $\dim(X\cap V_{\sigma(i)+i})=i$. 故にこの場合も (9) が成り立つ.

補題1をいいかえると

補題 2 $X\in E(\sigma, m)$ の条件は, ベクトル

$$\mathfrak{c}_i\in V_{\sigma(i)+i}-V_{\sigma(i)+i-1},\qquad i=1, 2, \cdots, m$$

が存在して, $X=(\mathfrak{c}_1, \mathfrak{c}_2, \cdots, \mathfrak{c}_m)$ となることである.

さて $V_{n+1}=V_{m+r}$ のベクトル基を $\{e_1, e_2, \cdots, e_{m+r}\}$ とし, 基にとった旗 (7) のベクトル空間 V_k は, $V_k=(e_1, e_2, \cdots, e_k)$ であったものとする. Schubert 函数 σ に対し

$$X(\sigma)=(e_{\sigma(1)+1}, e_{\sigma(2)+2}, \cdots, e_{\sigma(m)+m})$$

ととれば, 補題2から $X(\sigma)$ は $E(\sigma, m)$ に属している. この $X(\sigma)$ を $E(\sigma, m)$ の**中心元**という.

Schubert 函数 σ に対し, 整数の列 $\{1, 2, \cdots, m+r\}$ から, $\{\sigma(1)+1, \sigma(2)+2, \cdots, \sigma(m)+m\}$ を除いた残りを $\{\hat{\sigma}(1), \hat{\sigma}(2)\cdots, \hat{\sigma}(r)\}$ とおくと, 函数 $\hat{\sigma}$ は $\sigma(i)<j\leq\sigma(i+1)$ (ただし $i=0$ を含めて)なる j に対して $\hat{\sigma}(j)=j+i$ で与えられる. すると V_{m+n} のベクトル基 $\{e_1, e_2, \cdots, e_{m+r}\}$ は

$$\underbrace{\hat{\sigma}(1)\cdots\hat{\sigma}(\ )}_{\sigma(1)}, \sigma(1)+1, \underbrace{\hat{\sigma}(\ )\cdots\cdot\hat{\sigma}(\ )}_{\sigma(2)-\sigma(1)}, \sigma(2)+2, \cdots$$

と整頓される.

いま V_{m+r} の基 $\{e_1, \cdots, e_{m+r}\}$ に関する成分を $(x^1, x^2, \cdots, x^{m+r})$ とする. $E(\sigma, m)$ に属する X の, 補題2で述べた生成元 $\mathfrak{c}_i$ はその第 $\sigma(i)+i$ 成分は 0 でないが, とくに $\mathfrak{c}_i$ としてその第 $\sigma(i)+i$ 成分が1で, 第 $\sigma(j)+j$ 成

分 $j<i$) が 0 のものを選んだとすれば，X にかかる $\{\mathfrak{c}_1, \mathfrak{c}_2, \cdots, \mathfrak{c}_m\}$ が一意的に定まる．ところで $\mathfrak{c}_1, \mathfrak{c}_2, \cdots, \mathfrak{c}_m$ を成分の列ベクトルで表わせば

$$
\begin{array}{rlcccc}
 & & \mathfrak{c}_1 & \mathfrak{c}_2 & \mathfrak{c}_3 & \cdots\cdots \\
 & \hat{\sigma}(1) & x_1^1 & x_2^1 & x_3^1 & \cdots\cdots \\
\sigma(1)\Big\{ & & \vdots & \vdots & \vdots & \\
 & \hat{\sigma}(\ ) & x_1^{\sigma(1)} & x_2^{\sigma(1)} & x_3^{\sigma(1)} & \cdots\cdots \\
\sigma(1)+1 & & 1 & 0 & 0 & \cdots\cdots \\
 & \hat{\sigma}(\ ) & 0 & x_2^{\sigma(1)+1} & x_3^{\sigma(1)+1} & \cdots\cdots \\
\sigma(2)-\sigma(1)\Big\{ & \vdots & \vdots & & & \\
 & \hat{\sigma}(\ ) & 0 & x_2^{\sigma(1)} & x_3^{\sigma(2)} & \cdots\cdots \\
\sigma(2)+2 & & 0 & 1 & 0 & \cdots\cdots \\
\sigma(3)-\sigma(2)\Big\{ & \vdots\quad\vdots & 0 & 0 & x_3^{\sigma(2)+1} & \cdots\cdots \\
 & \vdots\quad\vdots & \vdots & \vdots & \vdots & \\
 & \vdots\quad\vdots & \vdots & \vdots & \vdots &
\end{array}
$$

なる形をとるであろう．従って $X \in E(\sigma, m)$ は，かかる $\{x_i^j, 1 \leq i \leq m, 1 \leq j \leq \sigma(i)\}$ で決定せられる．従って $E(\sigma, m)$ の元は，この $\{x_i^j\}$ で決定されるのでこれを $E(\sigma, m)$ の**標準座標**という．とくに中心元の座標は，すべての $x_i^j=0$ の場合である．よって

定理 4.3 $E(\sigma, m)$ は次元 $d(\sigma)=\sum_{i=1}^m \sigma(i)$ のアフィン空間である．

とくに $\sigma(1)=\cdots=\sigma(m)=0$ のときは，$E(\sigma, m)$ は一点より成る．

また $\sigma(1)=\cdots=\sigma(m)=r$ のときは，$E(\sigma, m)$ は次元 $mr=m(n+1-m)$ $=\dim\mathfrak{H}(n, m-1)$ のアフィン空間である．

$E(\sigma, m)$ は $\Omega(\sigma, m)$ に属する X のうち，X の $X(\sigma)=(e_{\sigma(1)+1}, \cdots, e_{\sigma(m)+m})$ 上への射影の像が $X(\sigma)$ と重なるようなものの集合である．すなわち，$X(\sigma)$ 上への射影の像が m 次元より低くなるような X を除いたものである．(除かれたものは $\sum_i \Omega(\sigma_i, m)$ に他ならぬ)．従って $E(\sigma, m)$ は $\Omega(\sigma, m)$ 上

での開集合であり，$E(\sigma, m)$ の閉被は $\Omega(\sigma, m)$ に他ならぬ．

一般にコンパクトな位相空間 M において，M の部分集合で開球（従ってアフィン空間）と同位相なものを**開胞体**という．

すると $E(\sigma, m)$ は $\mathfrak{H}(n, m-1)$ の開胞体である．

また一般にコンパクトな M の部分集合の有限個の集まり $\mathfrak{K}$ が次の条件をみたすとき，$\mathfrak{K}$ を M の**胞分割**という．

（i） $\mathfrak{K}$ に属する点集合は M の開胞体である．（開胞体を $\mathfrak{K}$ の**セル**とよぶ）

（ii） $\mathfrak{K}$ のセルは互に共通点をもたず，全空間 M は $\mathfrak{K}$ のセルで被われる．

（iii） $\mathfrak{K}$ のセル E の閉被は E および E より低次元の $\mathfrak{K}$ のセルの和集合である．

この言葉をもってすると $E(\sigma, m)$, $E(\sigma_i, m), \cdots$, は $\Omega(\sigma, m)$ の胞分割である．

とくに Schubert 函数 $\sigma^{(0)}: \sigma^{(0)}(1)=\cdots=\sigma(m)^{(0)}=r$ を最初にとれば，次元の考慮から $\Omega(\sigma^{(0)}, m)=\mathfrak{H}(n, m-1)$ であり．$E(\sigma^{(0)}, m)$, $E(\sigma^{(0)}_1, m), \cdots$ は $\mathfrak{H}(n, m-1)$ の胞分割を与える．容易に証明できるように，$\sigma^{(0)}$ から Schubert 函数を $\sigma^{(0)}_1=\sigma^{(1)}$, $\sigma^{(1)}_1=\sigma^{(2)}$ ととっていくことですべての Schubert 函数を経て，終りには $\sigma': \sigma'(1)=\cdots=\sigma'(m)=0$ にもっていくことができる．すなわち $\mathfrak{H}(n, m-1)$ は順次次元の低いセルの和（終りには 0 次元のセル）に分けられる[1]．

そこで $E(\sigma, m)$ を $\mathfrak{H}(n, m-1)$ の**基本セル**とよぶ．

§4·5 Grassmann 代数

Grassmann 多様体の座標を論ずる前に，Grassmann 代数について，主要な結果を述べておく．

V を可換体 K 上の有限次元の加群，従って K-ベクトル空間

（1） $$V=Ke_1+Ke_2+\cdots+Ke_n$$

とする．これのベクトル x, y の間に積 $x\wedge y$ が定義され

1） 同一次元のセルは数個あるかもしれない． 0 次元セルは一点と定義する．

(2) $$x\wedge y+y\wedge x=0,\quad x\wedge x=0$$
$$(x_1+x_2)\wedge y=x_1\wedge y+x_2\wedge y$$

とする．するとこの加法，乗法で V から生成される環 $\Lambda(V)$ は直和分解されて

$$\Lambda(V)=\sum_{r=0}^{n}\Lambda_r(V)$$

ここに $\Lambda_r(V)=\sum_{i_1<i_2<\cdots<i_r}Ke_{i_1}\wedge e_{i_2}\wedge\cdots\wedge e_{i_r}$

このように‘階別をもつ’加群 $\Lambda(V)$ が得られる．これを Grassmann 代数と称えている[1]．

$\Lambda_r(V)$ の元を r-ベクトルというが，その任意のものは

(3) $$x=\sum x^{i_1\cdots i_r}e_{i_1}\wedge\cdots\wedge e_{i_r}.$$

なお，ここで $i_1<i_2<\cdots<i_r$ の制限を撤廃するには，$(i_1'\cdots i_r')$ を $(i_1\cdots i_r)$ の異なる順列とするとき

$$x^{i_1'\cdots i_r'}=\mathrm{sign}\begin{pmatrix}i_1'&\cdots&i_r'\\ i_1&\cdots&i_r\end{pmatrix}x^{i_1\cdots i_r}$$

と斜対称にすると

(3′) $$x=\frac{1}{r!}\sum_{i_1,\cdots,i_r}x^{i_1\cdots i_r}e_{i_1}\wedge\cdots\wedge e_{i_r}.$$

外積 $x\wedge y$, $(x\in\Lambda_r(V),\ y\in\Lambda_s(V))$ を成分で表わすと

(4′) $$(x\wedge y)^{k_1\cdots k_{r+s}}=\frac{1}{(r+s)!}\sum_{i,j=1}^{n}\delta^{k_1\cdots\cdots k_{r+s}}_{i_1\cdots i_r j_1\cdots j_s}x^{i_1\cdots i_r}y^{j_1\cdots j_s}$$

ここに $$\delta^{l_1\cdots l_p}_{q_1\cdots q_p}=\begin{vmatrix}\delta_{l_1q_1}\cdots\delta_{l_1q_p}\\ \cdots\cdots\cdots\\ \delta_{l_pq_1}\cdots\delta_{l_pq_p}\end{vmatrix}.$$

Grassmann 代数を導入して，最も便利になる点の一つは

定理 4·4 V の r 個のベクトル $a_1, a_2, \cdots, a_r$ が一次独立なるための必要十分条件は，Grassmann 代数 $\Lambda(V)$ で

$$a_1\wedge a_2\wedge\cdots\wedge a_r\neq 0$$

1) かかる $\Lambda(V)$ が存在することについては，基礎数学講座，秋月：抽象代数学第2章．あるいは秋月，鈴木：高等代数学 II，第5章（岩波全書）参照．

なることである.

証明は自明であろう.

さて V の双対空間を V^*, V の基底 $(e_1, \cdots, e_n)$ に関する双対基底を $V^* = Ke_1^* + \cdots + Ke_n^*$, すなわち $(e_i, e_j^*) = \delta_{ij}$ としておく. すると K-加群 $\Lambda(V)$ の双対加群 $\Lambda^*(V)$ は,

$$\Lambda^*(V) = \Lambda(V^*)$$

であって, $e_{i_1}^* \wedge \cdots \wedge e_{i_r}^*$ が $e_{i_1} \wedge \cdots \wedge e_{i_r}$ に応ずる双対底となる[1].

すると $a_i \in V$, $a'_j \in V^*$ のとき, 内積は

$$(a_1 \wedge \cdots \wedge a_r,\ a_1' \wedge \cdots \wedge a_r') = \det|(a_i, a_j')|.$$

実際 $a_1, \cdots, a_r$ を V の底の一部に入れておけば, $a_1 = e_1, \cdots, a_r = e_r$ とみられる. いま $a'_j = \sum c_{jk} e_k^*$ と表わされたとすれば

$$(e_1 \wedge \cdots \wedge e_r,\ a_1' \wedge \cdots \wedge a_r') = \sum \mathrm{sign}\binom{1\ 2 \cdots\cdots r}{j_1 j_2 \cdots j_r} c_{1 j_1} \cdots c_{r j_r}$$
$$= \det|c_{ij}| = \det|(e_i, a'_j)|$$

作用 ψ を $\Lambda(V) \to \Lambda(V)$ なる自己準同型とするとき, 内積 ( ) に関して ψ の同伴作用素を ${}^t\psi$ で示そう. すなわち

$$(\psi x,\ y') = (x,\ {}^t\psi y') \qquad x \in \Lambda(V),\ y \in \Lambda(V^*)$$

いま $\psi = \psi_x$ として, $z \in \Lambda(V)$ に対し

(5) $$\psi_x(z)\ (= \psi_x \cdot z) = z \wedge x$$

とすれば, ψ_x は $\Lambda(V)$ の自己準同型, 従って ${}^t\psi_x$ は $\Lambda(V^*)$ の自己準同型である. そこで

定義 $\Lambda(V^*)$ の元 x' に, $\Lambda(V)$ の元 x を左から作用さすことを

(6) $$x \rfloor x' = {}^t\psi_x x'$$

すると, $\Lambda(V^*)$ は左 $\Lambda(V)$-加群となり, 明らかに作用 $\rfloor$ は, x, x' に関して双一次, また

(7) $$(x \wedge y) \rfloor x' = x \rfloor (y \rfloor x')$$

実際

$${}^t\psi_{x \wedge y} = {}^t\psi_x \circ {}^t\psi_y.$$

1) 拙著 高等代数学 II p. 51 (岩波全書).

双対的に

定義 $\Lambda(V)$ の元 x に，$\Lambda(V^*)$ の元 x' を右から作用さすことを

$$(8)\qquad x \llcorner x' = {}^t\psi^*_{x'} x$$

ただし

$$\psi^*_{x'}(z') = x' \wedge z', \quad x',\ z' \in \Lambda(V^*)$$

$\llcorner$ も，x, x' に関して双一次で，$x \llcorner (x' \wedge y') = (x \llcorner x') \llcorner y'$.

定義から

$$(z,\ x \lrcorner x') = (z \wedge x,\ x'), \quad (x \llcorner x',\ z') = (x,\ x' \wedge z')$$

$x \in \Lambda_r(V)$, $x' \in \Lambda_s(V^*)$ とすれば

$r < s$ のとき　$x \lrcorner x' \in \Lambda_{s-r}(V^*)$, $x \llcorner x' = 0$

$r > s$ のとき　$x \lrcorner x' = 0$, $x \llcorner x' \in \Lambda_{r-s}(V)$

$r = s$ ならば　$x \lrcorner x' = x \llcorner x' = (x,\ x')$

成分を用いて $\lrcorner$, $\llcorner$ を書き表わすと

$$(9)\qquad (x \lrcorner x')_{i_1 \cdots i_{s-r}} = \frac{(s-r)!}{s!} \sum x^{j_1 \cdots j_r} x'_{i_1 \cdots i_{s-r} j_1 \cdots j_r}$$

$$(9')\qquad (x \llcorner x')^{i_1 \cdots i_{r-s}} = \frac{(r-s)!}{r!} \sum x^{j_1 \cdots j_s i_1 \cdots i_{r-s}} x'_{j_1 \cdots j_s}$$

とくに n 次同次部分 $\Lambda_n(V)$, $\Lambda_n(V^*)$ についてみると，これらは1次元ベクトル空間で，その底は $e = e_1 \wedge \cdots \wedge e_n$, $e^* = e_1{}^* \wedge \cdots \wedge e_n^*$ である.

定義 $x \in \Lambda(V)$ に対して，作用 $\gamma : (\Lambda(V) \to \Lambda(V^*))$ を

$$(10)\qquad \gamma x = x \lrcorner e^*$$

とする．すると γ は $\Lambda(V) \to \Lambda(V^*)$ の線型作用素で，$x \in \Lambda_r(V)$ で

$$x = \sum_{i_1 < \cdots < i_r} x^{i_1 \cdots i_r} e_{i_1} \wedge \cdots \wedge e_{i_r}$$

なら

$$\gamma x = \sum_{j_1 < \cdots < j_{n-r}} x^{i_1 \cdots i_r} e^*_{j_1} \wedge \cdots \wedge e^*_{j_{n-r}}$$

ここに $(j_1 \cdots j_{n-r})$ は $(1, 2, \cdots, n)$ のうちでの $(i_1 \cdots i_r)$ の補部である．かくて，γ は1対1上への写像である.

従って γ の逆写像 γ^{-1} は存在して $\gamma^{-1} : \Lambda(V^*) \to \Lambda(V)$ であって

$$\gamma^{-1} x' = e \llcorner x'$$

となる．(証明は明らか)．

写像 γ (従って γ^{-1}) は，V の基底の変換で，定因数だけ変る．

補題 1 (i) $\gamma(x\wedge y)=x\rfloor\gamma y,\quad \gamma^{-1}(x'\wedge y')=\gamma^{-1}x'\lfloor y'$

(ii) $x\rfloor x'=\gamma(x\wedge\gamma^{-1}x'),\quad x\lfloor x'=\gamma^{-1}(\gamma x\wedge x')$

(証明) (7) から $(x\wedge y)\rfloor x'=x\rfloor(y\rfloor x')$．これに $x'=e^*=e_1{}^*\wedge\cdots\wedge e_n^*$ とおけば，(i) $\gamma(x\wedge y)=x\rfloor\gamma y$ をうる．

ここで $\gamma y=x'$ とおくと，$y=\gamma^{-1}x'$ で $x\rfloor x'=\gamma(x\wedge\gamma^{-1}x')$．他も同様である．

$\Lambda(V)$ において，r–ベクトル p が，ベクトル $a_1,\cdots,a_r\in V$ の外積に分解されるとき，すなわち $p=a_1\wedge\cdots\wedge a_r$ のとき，p は**可約**であるという．$\Lambda(V^*)$ の元についても，可約性はこれに準ずる．

もちろん $\Lambda_r(V)$ の元は常には必ずしも可約ではないが，可約な r–ベクトルの全体で張られている．($\because$ $\Lambda_r(V)$ は $e_{i_1}\wedge\cdots\wedge e_{i_r}$ から生成されている)

$p\in\Lambda_r(V)$, $q\in\Lambda_s(V)$ で，共に可約なら，$p\wedge q$ も可約．

写像 γ は可約な r–ベクトルと可約な $(n-r)$–型式 ($\Lambda(V^*)$ の元を型式とよぼう) との間の1対1対応を与える．

r–ベクトル p に対して，1–ベクトル a にして $a\wedge p=0$ となる a の全体は，V の部分ベクトル空間 $W(p)$ をつくるが，これの次元は r を越えない．とくに $\dim W(p)=r$ は，p が可約のとき，そのときに限り起る．

実際 a が線型空間をつくることは自明．$W(p)$ の中，一次独立なベクトルの全体の一組を $a_1,\cdots,a_s$ とすれば，$a_1,\cdots,a_s$ を V の基底にとれるからこれらを $e_1,\cdots,e_s$ と見ておくことができる．いま $p=\sum p^{i_1\cdots i_r}e_{i_1}\wedge\cdots\wedge e_{i_r}$ とすれば，$p^{i_1\cdots i_r}\neq 0$ なる $(i_1\cdots i_r)$ は $(1\ 2\cdots s)$ を完全に含んでいなければならぬ．故に $r\geq s$ である．そして $r=s$ なら $p=p^{1\,2\cdots s}e_1\wedge\cdots\wedge e_s$ でなければならぬ．

逆に任意の r 次元部分ベクトル空間 W に対して，$W=W(p)$ となる p は，W 内の一つの基底を $a_1,\cdots,a_r$ とすれば $p=a_1\wedge\cdots\wedge a_r$ であり，これは a_i のとり方を変えても定因数だけ変るだけである．

可約な r–ベクトル p と，$W(p)$ との対応に関しては，上述から

定理 4.5 W_1, W_2 をそれぞれ次元 r_1, r_2 の部分ベクトル空間とし，それぞれに応ずる r_1–, r_2– ベクトルを p, q とする．$W_1 \subset W_2$ なる条件は (r_1-r_2)–ベクトル x が存在して $q=x\wedge p$ となることである．

そして $W_1 \cap W_2=0$ の条件は $p\wedge q \neq 0$ であり，この場合 (r_1+r_2)–ベクトル $p\wedge q$ はベクトル空間 $W_1 \cup W_2 = W_1 \oplus W_2$ に対応する．

定理 4.6 n 次元ベクトル空間において，すべての $(n-1)$–ベクトルは可約である．

（証明） $(n-1)$–ベクトルの任意の一つを p とする．$p\wedge e_i = c_i\, e_1 \wedge \cdots \wedge e_n$ とすれば，$p\wedge a=0$ $(a=\sum_i x_i e_i)$ は $\sum_i c_i x_i = 0$ と同値．よって $\dim W(p)=n-1$．従って p は可約である．

定理 4.7 可約な r–ベクトル $p(\neq 0)$ に対応する r 次元ベクトル空間を W とすれば，γp に対応する V^* の $(n-r)$ 次元部分空間は W と垂直である．

次に重要な作用 $\vee$ を定義しよう．

定義 $x, y \in \Lambda(V)$ のとき，

$$x\vee y=\gamma^{-1}(\gamma x\wedge \gamma y)$$

この作用 $\vee$ は基底 e_i のとり方に依属するが，しかしその変換による変化は，ただ定因数だけにとどまる．

作用 $\vee$ はやはり線型加法的だから，本質的なのは $x=e_{i_1}\wedge\cdots\wedge e_{i_r}$ $y=e_{j_1}\wedge\cdots\wedge e_{j_s}$ のときであるが，$x\vee y \neq 0$ なのは $(i_1, \cdots, i_r)$ と $(j_1, \cdots, j_s)$ とが共通の文字をもち，この両者で $(1, \cdots, n)$ が尽くされるときであり，そのときに限り，$(k_1, \cdots, k_t)$ をその共通部分とすれば

$$(e_{i_1}\wedge\cdots\wedge e_{i_r})\vee(e_{j_1}\wedge\cdots\wedge e_{j_s}) = \pm e_{k_1}\wedge\cdots\wedge e_{k_t}.$$

従って $x\in \Lambda_r(V)$, $y\in \Lambda_s(V)$ なら，$x\vee y$ は $(r+s-n)$–ベクトルである．

補題 2 $p\in\Lambda_r(V)$, $q\in\Lambda_s(V)$ がともに可約で，これらに対応するベクトル空間をそれぞれ W_1, W_2 とする．$W_1\cup W_2=V$ であるための条件は $p\vee q\neq 0$ である．そして $(r+s-n)$–ベクトル $p\vee q$ はまた可約で，ベクトル空間 $W_1 \cap W_2$ に対応する．

（証明）γp, γq に対応するベクトル空間 W_1', W_2' ($\subset V^*$) はそれぞれ W_1, W_2 と垂直である．$p\vee q=\gamma^{-1}(\gamma p\wedge\gamma q)$ だが，γ（従って γ^{-1}）は $\Lambda(V)\longleftrightarrow\Lambda(V^*)$ の同型対応（双対的な）を与えるから，$p\vee q\neq 0$ は $\gamma p\wedge\gamma q\neq 0$ と同値である．従ってこれは $W_1'\cap W_2'=0$ と同値．そして $\gamma p\wedge\gamma q$ には V^* で $W_1'\oplus W_2'$ が対応する．これらの結果は $W_1\cup W_2=V$ で，$\gamma^{-1}(\gamma p\wedge\gamma q)=p\vee q$ には $W_1\cap W_2$ が応ずることと同値である．

定理 4.8　n 次元ベクトル空間 V において，r–ベクトル p が可約であるための条件は，すべての可約な $(n-r-1)$–ベクトル x に対して

$$p\vee(x\wedge p)=0$$

となることである．

（証明）まず p は可約とする．p, x に対応するベクトル空間をそれぞれ W_1, W_2 とする．$x\wedge p=0$ なら条件は自明．$x\wedge p\neq 0$ のときは，$x\wedge p$ には $(n-1)$ 次元ベクトル空間 $W_1\oplus W_2$ が応ずる．ところで $W_1\cup(W_1\oplus W_2)=W_1\oplus W_2\neq V$．よって補題2から $p\vee(p\wedge x)=0$．

逆に条件がみたされていたとする．V の基底 $\{e_i\}$ に関する p の成分において $p_{12\cdots r}\neq 0$ と仮定して一般性を失わない．いま $k=1, 2, \cdots n-r$ の任意の一つに対し $x_k=e_{r+1}\wedge\cdots\wedge\hat{e}_{r+k}\wedge\cdots\wedge e_n$ とおけば，いずれの k に対しても $p\wedge x_k\neq 0$．そこで $u_k=\gamma(p\wedge x_k)$ とおけば u_k は一次の型式で，

$$(e_{r+k},\ u_k)\neq 0,\qquad (e_{r+l},\ u_k)=0\quad (k\neq l).$$

故に $u_1, \cdots, u_{n-r}\in V^*$ は一次独立である．仮定により $p\vee(p\wedge x)=0$，従って $\gamma p\wedge\gamma(p\wedge x_k)=\gamma p\wedge u_k=0$．$(k=1, \cdots, n-r)$．それゆえ $\gamma p=\lambda u_1\wedge\cdots\wedge u_{n-r}$，$\lambda\in K$．かく γp は可約，従って p も可約である．

§ 4・6　Plücker 座標（あるいは Grassmann 座標）

Grassmann 多様体 $\mathfrak{H}(n, m)$ の座標について考える．射影空間 S_n を，ベクトル空間 V_{n+1} において考えるものとする．

V_{n+1} の Grassmann 代数 $\Lambda(V)$ において，$m+1$–ベクトル全体 $\Lambda_{m+1}(V)$ は $\binom{n+1}{m+1}$ 次元のベクトル空間をつくるが，これのベクトルを点とみなして，N 次元の射影空間 $\widetilde{S}_N$ を得る．ここに

$$N=\binom{n+1}{m+1}-1$$

さて S_n の m 次元部分空間（従って V_{n+1} の $m+1$ 次元ベクトル空間）は，その上の一次独立な $m+1$ 個のベクトル $a_0, \cdots, a_m$ で定められるが，それらの外積 $a_0 \wedge \cdots \wedge a_m$ は，前節でも述べたとおり，K における（定）因数を除いて，$a_0, \cdots, a_m$ のとり方に無関係に定まる．よって S_n の m 次元部分空間 S_m（すなわち $\mathfrak{H}(n, m)$ の元）には $\tilde{S}_N$ の一点が対応する．このように $\mathfrak{H}(n, m)$ の点に，$\tilde{S}_N$ のうち，可約な $(m+1)$-ベクトルに応ずる点から成る部分多様体 $M(m+1, n-m)$ の点が一意的に定まる．逆に $M(m+1, n-m)$ の点 $a_0 \wedge \cdots \wedge a_m \neq 0$ には，V_{n+1} のベクトル $a_0, \cdots, a_m$ が一次独立だから，$\mathfrak{H}(n, m)$ の点 S_m が一意的に対応している．

そこで V_{n+1} のベクトル基 $(e_0, e_1, \cdots, e_n)$ を定めると，S_m には $M(m+1, n-m)$ の点 p

$$p = \frac{1}{(m+1)!} \sum p^{i_0 i_1 \cdots i_m} e_{i_0} \wedge e_{i_1} \wedge \cdots \wedge e_{i_m}$$

（ここに $p^{i_0 i_1 \cdots i_m}$ は $i_0, i_1, \cdots, i_m$ に関して交代的）が定まり，従って $(\cdots, p^{i_0 i_1 \cdots i_m}, \cdots)$ の比が定まる．これを S_m の Plücker 座標とよぶ．

いま $p = \lambda(a_0 \wedge a_1 \wedge \cdots \wedge a_m)$, $\lambda \in K$ とすれば

$$\rho p^{i_0 i_1 \cdots i_m} = \begin{vmatrix} a_0^{i_0} \cdots\cdots\cdots a_0^{i_m} \\ \cdots\cdots\cdots\cdots \\ a_m^{i_0} \cdots\cdots\cdots a_m^{i_m} \end{vmatrix}, \quad \rho \in K \ (\rho \neq 0)$$

で与えられる．$\tilde{S}_N$ の点 $(\cdots, x^{i_0 i_1 \cdots i_m}, \cdots)$ は必ずしも可約ではないから，この類を Plücker 座標とする S_m は存在するとは限らない．Plücker 座標がみたすべき条件は後で述べる．

m 次元空間 S_m に対応する $(m+1)$-ベクトルを $p \in \Lambda_{m+1}(V)$ とすれば，$(n-m)$-型式 $\gamma p \in \Lambda_{n-m}(V^*)$ もまた可約である．ベクトル空間 $\Lambda_{n-m}(V^*)$ のベクトルを点とみなして得られる射影空間 $\tilde{S}_N^*$ において，基底 $\{e_{j_1}^* \wedge \cdots \wedge e_{j_{n-m}}^*\}$ $0 \leq j_1 < \cdots < j_{n-m} \leq n$ に関する点 $\gamma p \in \tilde{S}_N^*$ の斉次座標を，$\{e_i\}$ に関する S_m の**双対 Plücker 座標**という．すなわち

$$\gamma p=\frac{1}{(n-m)!}\sum p'_{j_1\cdots j_{n-m}}e^*_{j_1}\wedge\cdots\wedge e^*_{j_{n-m}}$$

とすれば，類 $(\cdots, p'_{j_1\cdots j_{n-m}}, \cdots)$ が S_m の双対 Plücker 座標である．S_m を含む独立な $n-m$ 個の超平面，$u_1, \cdots, u_{n-m}$ をとり，u_i の超平面座標を $(u_{i0}, \cdots, u_{in})$ $(i=1, \cdots, n-m)$ とすれば $\gamma p=\lambda u_1\wedge\cdots\wedge u_{n-m}$ であるから，S_m の双対 Plücker 座標は

$$(2)\qquad \rho p'_{j_1\cdots j_{n-m}}=\begin{vmatrix} u_{1j_1}\cdots u_{1j_{n-m}} \\ \cdots\cdots\cdots\cdots \\ u_{n-m\,j_1}\cdots u_{n-m\,j_{n-m}}\end{vmatrix}\qquad \rho\in K\ (\rho\neq 0)$$

で与えられる．

定理 4.9 S_m の Plücker 座標，双対 Plücker 座標に対して，関係

$$(3)\qquad \rho p^{i_0\cdots i_m}=\varepsilon^{i_0\cdots i_n}p'_{i_{m+1}\cdots i_n}$$

が成り立つ．ここに $\varepsilon^{i_0\cdots i_n}=\delta^{i_0\cdots i_n}_{0\cdots n}$.

（証明） S_m に対応する $(m+1)$-ベクトルを p とすれば $p=e\rfloor\gamma p$ であるから，これを成分で書いて

$$p^{i_0\cdots i_m}=\frac{(m+1)!}{(n+1)!}\sum_i \varepsilon^{j_1\cdots j_{n-m}\,i_0\cdots i_m}p'_{j_1\cdots j_{n-m}}$$

$p'_{j_1\cdots j_{n-m}}$ は斜対称であるから（3）を得る．

定理 4.10 点 $x\in S_n$ の斉次座標を $(x^0, \cdots, x^n)$ とする．点 x が m 次元空間 S_m に含まれるための条件は，S_m の Plücker 座標を用いて

$$(4)\qquad \sum_{k=0}^{m+1}(-1)^k p^{i_0\cdots\hat{i}_k\cdots i_{m+1}}x^{i_k}=0$$

$$\left(\text{ここに } p^{i_0\cdots\hat{i}_k\cdots i_{m+1}}=p^{i_0\cdots i_{k-1}i_{k+1}\cdots i_{m+1}}\right)$$

で与えられる．また双対 Plücker 座標を用いれば

$$(5)\qquad \sum_{j=1}^{n}p'_{i_1\cdots i_{n-m-1}j}\,x^j=0.$$

（証明） S_m に対応する $(m+1)$-ベクトルを p とすれば，$x\in S_m$ の条件は $x\wedge p=0$. $x\wedge p$ を成分で書き，$e_{i_0}\wedge e_{i_1}\wedge\cdots\wedge e_{i_{m+1}}$ の係数をまとめると（4）となる．また $x\rfloor\gamma p=\gamma(x\wedge p)$ であるから $x\wedge p=0$ の条件は $x\rfloor\gamma p=0$. これを成分で書けば（5）とな

る．

定理 4.11 S_n 内のすべての m 次元空間の Plücker 座標に対して成り立つ一次関係式 $\sum_i u_{i_0\cdots i_m} p^{i_0\cdots i_m}=0$ は存在しない．ここに $u_{i_0\cdots i_m}\in K$ は斜対称で，すべては 0 でないとする．双対 Plücker 座標についても同様．

（証明） 任意の $(m+1)$-ベクトル $x\in\Lambda_{m+1}(V)$ は可約な $(m+1)$-ベクトルの一次結合として表わされる．もし上の一次関係式が成り立てば，Grassmann 多様体 $M_{m+1,\,n-m}$ が，したがってそれで張られる全空間 $\tilde{S}_N$ が，$\tilde{S}_N$ の一つの超平面に含まれることとなって矛盾である．

定理 4.12 S_n に標構が与えられたとき，体 K の元の組 $(\cdots, p^{i_0\cdots i_r}, \cdots)$ に対して， これを Plücker 座標とする S_n の m 次元空間が存在するためには，次の条件がみたされることである．

（i） $p^{i_0 i_1\cdots i_m}$ のすべては 0 でない．

（ii） 添数に関して斜対称である．

（iii） $i_1, \cdots, i_m, j_0, \cdots, j_{m+1}$ に対して

$$\sum_{k=0}^{m+1}(-1)^k p^{i_1 i_2\cdots i_m j_k} p^{j_0\cdots\hat{j}_k\cdots j_{m+1}}=0$$

（証明） (i), (ii) は $\tilde{S}_N$ の点の座標となるための条件である．よって $p^{i_0 i_1\cdots i_m}$ を成分とする $(m+1)$-ベクトルが可約であるための条件が (iii) となることをいえばよい．その条件は前節定理 4.8 から，任意の可約な $(n-m-1)$-ベクトル x に対して $p\vee(p\wedge x)=0$ なることである．ところが

$$\begin{aligned} p\vee(p\wedge x)&=\gamma^{-1}(\gamma p\wedge\gamma(p\wedge x))=p\llcorner(\gamma(p\wedge x)) &&（前節補題1） \\ &=p\llcorner(p\lrcorner\gamma x) &&（前節補題1） \end{aligned}$$

だから，$p\llcorner(p\lrcorner\gamma x)=0$ を成分で書けば，前節（9），(9′) から

$$\sum_j p^{i_1\cdots i_m j_0} p^{j_1\cdots j_{m+1}} x'_{j_0 j_1\cdots j_{m+1}}=0$$

これらは可約な $(m+2)$-型式 x' の座標 $x'_{j_0 j_1\cdots j_{m+1}}$ に関する一次関係式であり，前定理により，各 $x'_{j_0 j_1\cdots j_{m+1}}$ の係数ごとに 0 でなければならぬ．そこでこれを $j_0 j_1\cdots j_{m+1}$ に関して斜対称となるように直して (iii) を得る．

注意 本定理の関係式で，独立なものの個数をしらべることで $\mathfrak{H}(n, m)$ の次元を求めることができようが，これについては，例えば本講座，中井，永田：「代数幾何学」につい

てみられたい．もっとも $\mathfrak{H}(n, m)$ の次元は，$\mathfrak{H}(n, m)=GL(n+1)/GL_{m+1, n-m}$ としてすでに知るところである．

とくに $n=3$, $m=1$ のときは $\dim \mathfrak{H}(3, 1)=4$ であり，$N=5$ であるから，(iii) の関係式はただ一つであり，前章で述べた恒等式である．

§4·7 代数幾何学の諸概念

Grassmann 多数体は，射影空間 $\widetilde{S}_N$ 内で，いくつかの二次斉次方程式で定義された多様体である．

また古典的な群，例えば n 次元直交群をとっても，S^tS が主対角線行列になる条件を座標（U の元）で書き表わせば，二次斉次方程式が得られ，n^2-1 次元の射影空間での多様体が得られる．

このように，射影空間内でいくつかの斉次方程式の共通零点として得られる点の軌跡を**代数多様体**という．

代数多様体 A が，代数多様体 B, C の和集合に分解されないとき A は既約であるといわれる．

3次元射影空間 S_3 で，既約な曲線 Γ を考えるとき，Γ は一般には $r(>2)$ 個の斉次方程式の共通零点となる．これはアフィン空間で曲線は2つの面の交わりとして表わされることと考えあわされなければならぬ．この差異は大局的立場（射影幾何）と，局所的立場（アフィン幾何）とに基ずくのである．例えば空間3次曲線は，平面曲線でない限り，射影空間では2つの方程式では表わされない．実際3次曲面と3次曲面との交わりは9次であり，その交わりはアフィン空間では Γ と一致しても，無限遠平面上に余分の交わりをもつことになる．このように Γ を表わすのに2個より多い斉次多項式を要するところに，代数幾何学ではイデアル論が必至になる根本理由がある．

ところで一般に S_n で，超曲面は，ただ一つの方程式で表わされる．S_n における一般な m 次超曲面は $\binom{m+n}{n}$ 個ある係数の比で定まるから，S_n 内の m 次超曲面の全体は，次元 $\binom{m+n}{n}-1$ の射影空間の点と1対1に対応する．m 次超曲面は m 次斉次単項式 $M_{i_0\cdots i_n}=x_0^{i_0}x_1^{i_1}\cdots x_n^{i_n}$ $(\sum i_j=m)$ の一次結合を 0

とおいた方程式

$$\sum_{i_0+\cdots+i_n=m} \lambda_{i_0\cdots i_n} M_{i_0\cdots i_n}=0$$

で表わされている.

一般に $f_0(x), \cdots, f_r(x)$ を m 次斉次多項式としたとき

$$\lambda_0 f_0(x)+\cdots+\lambda_r f_r(x)=0$$

で表わされる超曲面の集まりを**一次系**という．すると m 次超曲面の全体も特別な一つの**一次系**である.

これは $X_i=f_i(x)\ (0\leq i\leq r)$ なる有理変換を行うと，$(X_0, \cdots, X_r)$ は一般に r 次元射影空間内での代数多様体をつくり，それの超平面

$$\sum \lambda_i X_i=0$$

との交わりの原像が一次系の超曲面である.

なお，S_n の r 次元部分空間の全体が Grassmann 多様体をつくり，そしてそれの点が Plücker 座標で表わされた．これと同様に S_n 内の r 次元 d 次代数多様体の全体も，代数多様体（既約とは限らない）をつくり，その点がまた座標で表わされる．これを創始者に因んで Chow 多様体，Chow 座標（中井；永田：代数幾何学参照）とよばれている．そしてこれは代数幾何学においてきわめて重要な役割を演ずる.

われわれはここに代数幾何学に立ち入るつもりはないが，代数幾何学においては，代数的取扱の他に射影幾何学の幾何的な立場がなす役割もきわめて大きいことを，例をもって示して本項を終ろう.

n 次元射影空間 S_n における一般 n 次曲線 Γ は有理曲線である.

なんとなれば Γ が S_{n-1} に入っていないとする.（一般だからこう仮設してよい).すると Γ 上に $n-1$ 個の点をとり，これらが S_{n-2} を決定するように選べる．S_{n-2} を中心とする超平面 H の星をとれば，その一員は $\lambda H_1+\mu H_2=0$（ここに $H_1=0$, $H_2=0$ は S_{n-2} を通る超平面）と表わされる．$\lambda H_1+\mu H_2=0$ と Γ の交点は n 個あるが，このうち $n-1$ 個は星の中心に横たわるから，残りの１交点（$\lambda:\mu$ と共に変る）は $\lambda:\mu$ で一意的に決定される.

逆に Γ 上の S_{n-2} に属しない点は，はじめの $n-2$ 個の点と共に，超平面 H を決定するから，その点に $\lambda:\mu$ が対応する．

Γ 上の点の座標は $\lambda:\mu$ に代数的に従属し，しかも一意的だからこれは $\lambda:\mu$ の有理函数である．よって Γ は有理曲線である．

次に S_3 における3次曲面は有理曲面であることの証明を述べておこう．

まず一般3次曲面が空間で交わらない二直線を含むことを見る．S_3 に直線 l_1 を与えたとき，3次曲面 $V:F=0$ が l_1 を含む条件は，l_1 上の二点 (x)，(y) をとれば，λ, μ のいかんを問わず $(\lambda x+\mu y)$ を V_3 が含むことだし，V は3次ゆえ，$(\lambda x+\mu y)$ を $F(x)$ に代入して得る λ^3, $\lambda^2\mu$, $\lambda\mu^2$, μ^3 の各項を 0 とおいてできる4つの1次条件である．さらに直線 l_2(l_1 と交わらない）を与えたとき，V がこれを含む条件は同様に4条件である．よって V が l_1, l_2 を含むために8つの1次条件を満たすことである．

ところで l_1, l_2 を変えない S_3 の射影変換は群 $\mathfrak{H}$ をつくるが，これの次元は7である．なんとなれば座標の標構4つを，2つずつ l_1, l_2 上にとれば，l_1 上での2頂点のとり方の自由度は2，l_2 上でも2頂点のとり方のそれは2である．さらに単位点のとり方は全く自由で3であるから，l_1, l_2 を変えない射影変換の自由度は7である．

S_3 における射影変換群 $\mathfrak{G}$ は次元 15 であるから，商群 $\mathfrak{G}/\mathfrak{H}$ は次元8である．

$\sigma\in\mathfrak{G}/\mathfrak{H}$ を V に作用さすと，V^σ は l_1^σ, l_2^σ を含む3次曲面にうつる．σ を $\mathfrak{G}/\mathfrak{H}$ の生成元にとれば，V^σ が二直線を含む最も一般な3次曲面である．V^σ の方程式は8個の1次条件をみたしたものへ，8個の独立なパラメターの入ったものを代入したことになるから，これらのパラメターの函数である係数に函数関係がなければ，V^σ は最も一般な3次曲面になる．もし上記の函数関係があれば，8個の独立なパラメターのうち一つを自由に変えても V^σ の方程式を変えないでおける．従って V^σ は無数に多くの直線を含むこととなる．しかるに有限個より直線を含み得ない3次曲面は実際に存在する例があるから[1]，この

1) V. d. Waerden, Einführung in die algebraische Geometrie.

ような函数関係は起り得ない.

よって一般3次曲面は必ず二直線（交わらない）を含んでいる. これを l_1, l_2 とする. V 上の一般点 P（生成点）をとるに, P を通り l_1, l_2 双方に交わる直線 g をひくことができる. 逆に l_1, l_2 双方と交わる任意の直線 g' をとれば, g' はV と l_1, l_2 上の二点ですでに交わっているから, もう一点 P' で V と交わる. かく P' は g' で定まり, g' は g' の通る l_1 上の点（l_1 上の射影座標 $\lambda_0:\lambda_1$）と, l_2 上の点（その座標 $\mu_0:\mu_1$）とで一意的に決定される. すなわち P' の座標は $\lambda_0:\lambda_1$, $\mu_0:\mu_1$ の有理函数である. しかるに（すでに注意したように）P' は V 上の一般点を含む. ゆえに3次曲面は有理曲面である.

付　録 I.　計　量　空　間

§1　ユークリッド幾何と非ユークリッド幾何

射影空間 $P_n(K)$ 内に無限遠超面 P_{n-1}^{∞} を指定し，さらに P_{n-1}^{∞} 内の正則二次曲面 Q_{n-2}^{∞} を指定する．Q_{n-2}^{∞} を変えない $AL_n(K)$ の部分群 $G_n(K)$ を**相似群**といい，E_n に変換群 G が作用すると考えたとき，体系 $\{E_n, G_n\}$ を**相似幾何**，空間 E_n を**相似空間**という．Q_{n-2}^{∞} を相似幾何の**絶対形**という．アフィン標構をとり，絶対形の方程式を

$$x^0=0,\ \sum_{i,j=1}^{n}\gamma_{ij}x^ix^j=0,\ \Gamma=(\gamma_{ij}),\ {}^t\Gamma=\Gamma,\ \det\Gamma\neq 0$$

とするとき，相似変換は非斉次座標を用いて

$$\xi'=A\xi+\beta,\ A\in GL_n(K),\ {}^tA\Gamma A=\sigma\Gamma,\ \sigma\in K(\sigma\neq 0).$$

で与えられる．E_n の r 次元面 P_r に対して，$Q_{r-2}^{\infty}=P_r\cap Q_{n-2}^{\infty}$ が正則であれば，$E_r=P_r\cap E_n$ は Q_{r-2}^{∞} を絶対形とする相似空間と考えられる．相似空間 E_n の二点 x, y の非斉次座標をそれぞれ ${}^t\xi=(\xi^1, \cdots, \xi^n)$，${}^t\eta=(\eta^1, \cdots, \eta^n)$ とするとき，

$$d^2(x, y)={}^t(\eta-\xi)\Gamma(\eta-\xi)$$

を二点 x, y の**ベキ**という．二つのベキの比 $d^2(x_1, y_1):d^2(x_2, y_2)$ は相似群の不変量である．絶対形 Q_{n-2}^{∞} 上の点を通る E_n の直線を**極小線**という．極小線上の二点のベキは常に0である．点 $p\in E_n$ を通る極小線全体は二次錐面をつくり，これを**極小錐面**という．E_n の二直線と P_{n-1}^{∞} との交点が Q_{n-2}^{∞} に関して共役のとき，この二直線は**垂直**であるという．絶対形を含むような P_n の二次曲面 S_{n-1} を**超球**という．アフィン標構をとれば超球は方程式

$$(1)\qquad a_0(x^0)^2+2\sum_{i=1}^{n}a_ix^0x^i+a_\infty\sum_{i,j=1}^{n}\gamma_{ij}x^ix^j=0,\qquad \Gamma=(\gamma_{ij})$$

で表わされる．超球 S_{n-1} が正則のとき $S_{n-1}\cap P_{n-1}^{\infty}=Q_{n-2}^{\infty}$ であり，S_{n-1} に関する P_{n-1}^{∞} の極が S_{n-1} の中心である．正則でない超球には次の三種がある．(i)　点 $a\in E_n$ を頂点とする極小錐面．これは a を中心とする**零球**ともよばれる．(ii)　P_{n-1}^{∞} と他の超平面 P_{n-1}．(iii)　P_{n+1}^{∞} と一致する二超平面．方程式（1）より，E_n の超球は斉次座標 $(a_0, a_1, \cdots, a_n, a_\infty)$ で表わすことができ，超球全体は $(n+1)$ 次元射影空間をつくる．そして零球とその中心とを対応させることにより，空間 E_n は零球全体と同一視できる．超

球をこのような立場から考察することは § 3 で述べる．

E_n の相似変換 $\xi'=A\xi+\beta$, ${}^tA\Gamma A=\sigma\Gamma$ において，さらに $\sigma=1$ となるもの全体は相似群の部分群 $G_n^0(K)$ をつくる．これを **Euclid 群**といい，幾何 $\{E_n, G_n^0\}$ を **Euclid 幾何**，E_n を **Euclid 空間**という．

相似群，Euclid 群の絶対形は無限遠超面 P_{n-1}^∞ 内の正則二次曲面であったが，これに対し，射影空間 $P_n(K)$ 内の正則二次曲面 Q_{n-1}^∞ を絶対形として指定し，Q_{n-1}^∞ を変えない $PL_n(K)$ の部分群 $\widetilde{G}_n(K)$ を**非 Euclid 群**という．幾何 $\{P_n, \widetilde{G}_n\}$ を**非 Euclid 幾何**，P_n を**非 Euclid 空間**という．P_n の斉次座標 ${}^tx=(x^0, \cdots, x^n)$ を用いて絶対形 Q_{n-1}^∞ の方程式を

$$ {}^tx\Gamma_0x=0, \qquad {}^t\Gamma_0=\Gamma_0, \qquad \det\Gamma_0\neq0. $$

とすれば非 Euclid 変換は

$$ x'=Ax,\ \ A\in GL_{n+1}(K),\ \ {}^tA\Gamma_0A=\sigma\Gamma_0, \qquad \sigma\in K\ (\sigma\neq0) $$

で与えられる．P_n の r 次元面 P_r において $Q_{r-1}^\infty=P_r\cap Q_{n-1}^\infty$ が正則であれば，P_r は Q_{r-1}^∞ を絶対形とする非 Euclid 空間と考えられる．いま点 $p\in P_n$ の Q_{r-1}^∞ に関する極超平面を P_{n-1} とし，P_{n-1} と一致する二超平面を二次曲面とみてこれを S_{n-1}^0 とする．Q_{n-1}^∞, S_{n-1}^0 を含む二次曲面束に属する二次曲面 S_{n-1} は点 p を**中心**とする**超球**とよばれる．超平面 P_{n-1} をこの超球の**軸**という．斉次座標を用いれば超球は方程式

$$ (3) \qquad a_0\Big(\sum_{i=0}^n b_ix^i\Big)^2+a_\infty\Big(\sum_{i,j=0}^n\gamma_{ij}x^ix^j\Big)=0 \qquad \Gamma_0=(\gamma_{ij}) $$

で与えられる．相似幾何，Euclid 幾何，非 Euclid 幾何を総括して**計量幾何**といい，それらの空間を**計量空間**という．

ここでとくに複素計量空間について考えよう．相似空間 $E_n(C)$ の二直線 l_1, l_2 と P_{n-1}^∞ との交点をそれぞれ p_1, p_2, 直線 p_1p_2 と Q_{n-1}^∞ との二交点を q_1, q_2 として，二直線 l_1, l_2 のなす**角** θ を

$$ \theta=\frac{1}{2\sqrt{-1}}\log\,[p_1,\ p_2,\ q_1,\ q_2] $$

で定義する．角は符号 ± および π の倍数の差を除いて定まり，相似変換の不変量である．l_1, l_2 の方向比をそれぞれ ${}^tl_1=(l_1^1, \cdots, l_1^n)$, ${}^tl_2=(l_1^1, \cdots, l_2^n)$ とすれば

$$ \cos\theta=({}^tl_1\Gamma l_2)/\sqrt{({}^tl_1\Gamma l_1)\,({}^tl_2\Gamma l_2)} $$

となることは見易い．また Euclid 空間 $E_n(C)$ の二点 x, y のベキ $d^2(x, y)$ の平方根

を二点 x, y の**距離**という．距離は符号 ± を除いて定まり，Euclid 群の不変量である．

非 Euclid 空間 $P_n(C)$ の二超平面 u, v の交わりを P_{n-2}，絶対形 Q_{n-1}^{∞} の P_{n-2} を含む接平面を w_1, w_2 として，二超平面 u, v のなす**角** θ を

$$\theta=\frac{1}{2\sqrt{-1}}\log\,[u,\ v,\ w_1,\ w_2]$$

で定義する．Q_{n-1}^{∞} に関する u, v の極をそれぞれ x, y とし，直線 xy と Q_{n-1}^{∞} との二交点を q_1, q_2 とすれば，この角 θ はまた

$$\theta=\frac{1}{2\sqrt{-1}}\log\,[x,\ y,\ q_1,\ q_2]$$

で与えられる．Q_{n-1}^{∞} の方程式を ${}^tx\Gamma_0x=0,\ {}^t\Gamma_0=\Gamma_0$ とし，簡単のため $(x,\ y)={}^ty\Gamma_0x$ とおけば，

$$\cos\theta=(x,\ y)/\sqrt{(x,\ x)\,(y,\ y)}$$

を得る．P_n の二直線 l, g が交わるとき，二直線 l, g のなす角は平面 $P_2=l\cup g$ におけ る l, g のなす角で定義する．また $P_n(C)$ の二点 x, y に対し，q_1, q_2 を直線 xy と Q_{n-1}^{∞} との二交点，$k\in C$ をある定数として，二点 x, y の**距離** $d(x, y)$ を

$$d(x,\ y)=\frac{k}{2\sqrt{-1}}\log\,[x,\ y,\ q_1,\ q_2]$$

で定義する．容易に

$$\cos\frac{d}{k}=(x,\ y)/\sqrt{(x,\ x)\,(y,y)}$$

となる．角および距離は非 Euclid 群の不変量である．

なお相似空間 $E_n(C)$ の絶対形 Q_{n-2}^{∞} は，適当なアフィン標構をとれば

$$x^0=0,\qquad (x^1)^2+\cdots+(x^n)^2=0$$

で表わすことができる．このとき Euclid 変換は

$$\xi'=A\xi+\beta,\qquad {}^tA=A^{-1}$$

となるから $G_n^0(C)/D_n(C)\approx O_n(C)$ である．ここに $D_n(C)$ は平行移動群とする．また点 $a_0\in E_n(C)$ を動かさない $G_n^0(C)$ の部分群は $O_n(C)$ と同型である．非 Euclid 空間 $P_n(C)$ の絶対形 Q_{n-1}^{∞} は適当な標構をとれば

$$(x,\ x)=(x^0)^2+\cdots+(x^n)^2=0$$

で表わすことができる．

§2 実計量空間

実射影幾何においては，二次曲面の符号が射影群の不変量であった．それゆえ，符号の異なる正則二次曲面を絶対形としてとれば，性質の異なる非 Euclid 幾何（または相似幾何）を得る．しかしこれらの幾何は係数体 R を C まで拡大すれば，同じ複素非 Euclid 幾何（または相似幾何）となる．実計量幾何における角および距離は係数体 R を C まで拡大して得られる複素計量幾何における角および距離で定義する．実計量幾何の絶対形としては，次の三つの場合がとくに重要であり，以下これらの場合だけに限ることとする．

（i）絶対形 Q^{∞}_{n-1} の符号が $(n+1, 0)$ の非 Euclid 群 G^{+}_{n} を**楕円群**という．

（ii）絶対形 Q^{∞}_{n-1} の符号が $(n, 1)$ の非 Euclid 群 G^{-}_{n} を**双曲群**という．

（iii）無限遠超面 P^{∞}_{n-1} 内の絶対形 Q^{∞}_{n-2} の符号が $(n, 0)$ の相似群 G_n を**放物群**といい，放物群から得られる Euclid 群 G^{0}_{n} を**実 Euclid 群**という．

$P_n(R)$ の標構 $\{a_0, \cdots, a_n\}$ を適当にとれば，これらの絶対形はそれぞれ

（i）楕円群 G^{+}_{n} : $(x, x)=\gamma(x^0)^2+(x^1)^2+\cdots+(x^n)^2=0 \quad \gamma>0$

（ii）双曲群 G^{-}_{n} : $(x, x)=\gamma(x^0)^2+(x^1)^2+\cdots+(x^n)^2=0 \quad \gamma<0$

（iii）放物群 G_n : $x^0=0, \ (x^1)^2+\cdots\cdots\cdots\cdots+(x^n)^2=0 \quad (\gamma=\infty)$

で表わすことができる．楕円群の絶対形 Q_{n-1} 上には $P_n(R)$ の実点がない．幾何 $\{P_n, G^{+}_{n}\}$ を**楕円幾何**，P_n を**楕円空間**という．Q^{∞}_{n-1} の方程式を（i）の形にするのに，標構の頂点 a_0 は P_n の任意の点をとってよいから（定理 3，2 系 2），G^{+}_{n} は P_n に推移的である．次に放物群の絶対形 Q^{∞}_{n-2} 上にも $P_n(R)$ の実点はなく，実の極小線は存在しない．幾何 $\{E_n, G_n\}$, $\{E_n, G^{0}_{n}\}$ をそれぞれ**放物幾何**，**実 Euclid 幾何**という．また双曲群の絶対形 Q^{∞}_{n-1} 上の実点では $x^0 \neq 0$ であるから，非斉次座標を考えれば，Q^{∞}_{n-1} は数空間 R_n 内の球面 S_{n-1} と同位相であることがわかる．双曲群 G^{-}_{n} に対して $(x, x)<0$ となる点 $x \in P_n(R)$ を**通常点**，$(x, x)>0$ となる点 $x \in P_n(R)$ を**補点**とよぶことにすれば，$P_n(R)$ は通常点の集合 H_n，絶対形 Q^{∞}_{n-1}，補点の集合 H^{*}_{n} の三つの部分集合に分けられる．G^{-}_{n} の任意の変換により二点 $x, y \in P(R)$ がそれぞれ二点 x', y' に移るとすれば，$(x', y')=\sigma(x, y)$, $\sigma>0$, である．よって G^{-}_{n} の変換で H_n, Q^{∞}_{n-1}, H^{*}_{n} はいずれもそれ自身に移り，しかも G^{-}_{n} はこれらのおのおのに推移的であることがわかる．幾何 $\{H_n, G^{-}_{n}\}$ を**双曲幾何**，H_n を**双曲空間**という．また H^{*}_{n} は**補空間**とよばれる．H_n は数空間 R_n 内の $(n-1)$ 次元球面の内部と同位相である．非 Euclid 空間の超球

S_{n-1} が絶対形と一致しないとき，その中心の斉次座標を ${}^tp=(p^0, \cdots, p^n)$ とすれば，S_{n-1} の方程式は

$$(p, x)^2+a_\infty(x, x)=0$$

で与えられる．双曲空間の超球は，その中心がそれぞれ通常点，絶対形上の点，補点であるにしたがって**常超球**，**限界球**，**等距離面**とよばれている．

実計量幾何も射影幾何と同様に点と直線に関する公理から構成することができる．上に定義したのは，この実計量幾何を射影群の部分群を変換群とし，射影空間の部分空間を空間とする等質空間[1]として実現したもので，この実現を実計量幾何の **Klein の模型**という．

実計量幾何の絶対形をそれぞれ (i), (ii), (iii) で与えておく．楕円空間 P_n または双曲空間 H_n の二点 x, y に対して，P_n では $0\leq d(x, y)<\pi k/2$, H_n では $0\leq d(x, y)$ となる実数値 $d(x, y)$ が公式

$$\cos\frac{d(x, y)}{k}=|(x, y)|/\sqrt{(x, x)(y, y)}, \quad k=\sqrt{\gamma}$$

から一意的に定まる．また実 Euclid 空間 E_n の二点 x, y に対しては，その非斉次座標を用いて

$$d(x, y)=\sqrt{\sum_{i=1}^{n}(\eta^i-\xi^i)^2}$$

とする．これらの $d(x, y)$ を距離として P_n, H_n, E_n はいずれも完備な距離空間となり，その位相は座標から与えられたものと一致する．これらの距離空間は微分幾何学的には定曲率な Riemann 空間とみなすことができ，その曲率は P_n では正，H_n では負，E_n では 0 となり，直線が測地線となることが示される．

双曲空間 H_n, 放物空間 E_n はともに数空間 R_n と同位相で，単純連結であるが，楕円空間 P_n は一般に単純連結ではない．等質空間 $S_n=O_{n+1}/O_n$ に変換群 O_{n+1} が作用すると考えるとき幾何 $\{S_n, O_{n+1}\}$, を**球面幾何**とよび，S_n を**球空間**という．この球空間が単純連結かつコンパクトな曲率正の定曲率 Riemann 空間とみなされるものである．この場合大円が測地線となる．等質空間 $P_n=O_{n+1}/O_1\times O_n$ 上には商群 $O_{n+1}/J\approx G_n^+$, $J=\{1_{n+1}, -1_{n+1}\}$ が効果的に作用し，幾何 $\{P_n, O_{n+1}/J\}$ が楕円幾何に他ならない[2]．それ

---

1) §4·1 および付録II，§1 参照．

2) 付録II，§1 注意参照．

ゆえ楕円空間と球空間とは局所的には同じものと考えられる．

完備な定曲率 Riemann 空間を**空間型**とよぶ．空間型は，曲率が正，負，0 に従って，その普遍被覆空間がそれぞれ球空間，双曲空間，実 Euclid 空間となることが知られている．空間型を M，その普遍被覆空間を $\tilde{M}(=S_n, H_n, E_n)$ とすれば，被覆変換群 Π（これは M の Poincaré 群と同型）の変換は $\tilde{M}$ の等長変換[1] である．従って空間型を決定する問題は $\tilde{M}$ の等長変換群 $G(=O_{n+1}, G_n^+, G_n^0)$ の**不連続部分群**で各変換（$\neq e$）が不動点をもたないものを決定する問題に帰着される．ここに空間 $\tilde{M}$ の変換群 Π が不連続であるとは，任意の点 $p \in \tilde{M}$ に対して点集合 $\{Tp\ ;\ T \in \Pi\}$ が集積点をもたないことをいう．一般に不連続群は位相群として離散（discrete）である．逆に等質空間 $\tilde{M}=G/H$ の等方性群 H がコンパクトのとき，離散な部分群 $\Pi \subset G$ は不連続であることが容易に示される．いま考えている等質空間 S_n, H_n, E_n ではその等方性群はいずれもコンパクトである．

§3 共 形 空 間

$(n+1)$ 次元実射影空間 $P_{n+1}(R)$ 内に符号 $(n, 1)$ の二次曲面 S_n をとり，S_n を絶対形とする双曲群を G_{n+1}^- とする．空間 P_{n+1} は双曲空間 H_{n+1}，絶対形 S_n，補空間 H_{n+1}^* に分けられ，G_{n+1}^- はこれらのおのおのに推移的に作用する．幾何 $\{S^n, G_{n+1}^-\}$ を**共形幾何**または **Möbius 幾何**といい，S_n を**共形空間**，G_{n+1}^- を**共形群**という．P_{n+1} の $(r+1)$ 次元面 P_{r+1} 上の二次曲面 $S_r=P_{r+1} \cap S_n$ を S_n の r 次元**球**という．$(n-1)$ 次元球を**超球**，1 次元球を**円**という．点 $p \in P_{n+1}$ の S_n に関する極超平面を P_n とすれば，P_{n+1} の点 p と S_n の超球 $S_{n-1}=P_n \cap S_n$ とは 1-1 対応をなす．今後 P_{n+1} の点 p をも S_n の超球とよび，それは p の極超平面に含まれる超球を表わすものとする．

S_n の超球 $P_n \cap S_n$ が P_n 上の符号 $(n, 0)$，$(n-1, 0)$，$(n-1, 1)$ の二次曲面であるとき，それぞれ**虚球**，**点球**，**実球**という．S_n 内の点集合とみれば虚球は空集合，点球は S_n 上のただ一点，実球は $(n-1)$ 次元球面と同位相な点集合を表わす．P_{n+1} の標構 $\{a_0, a_1, \cdots, a_{n+1}\}$ を適当にとり，S_n の方程式を

$$-(x^0)^2+(x^1)^2+\cdots\cdots+(x^{n+1})^2=0$$

とすることができる．明らかに $a_0 \in H_{n+1}$，$a_1 \in H_{n+1}^*$，$a_0+a_1 \in S_n$ である．三点 a_0，a_1，a_0+a_1 の極超平面はそれぞれ方程式 $x^0=0$，$x^1=0$，$x^0+x^1=0$ であるから，これらを S_n

1) 佐々木重夫：リーマン幾何学（本講座）参照．

の方程式に代入すれば，三点 a_0, a_1, a_0+a_1 で表わされる S_n の超球はそれぞれ虚球，実球，点球であることがわかる．G_{n+1}^- は H_{n+1}, S_n, H_{n+1}^* に推移的であるから H_{n+1} の点は S_n の虚球を，H_{n+1}^* の点は実球を表わし，共形空間 S_n は点球全体の集合とみなされる．

P_{n+1} の標構 $\{a_0, \cdots, a_n, a_\infty\}$ を適当にとり，S_n の方程式が

$$(1)\qquad \sum_{i,j=1}^{n} g_{ij}x^i x^j - 2x^0 x^\infty = 0$$

となるようにする．ここに $n\times n$ 行列 (g_{ij}) は対称正定値である．P_{n+1} の点すなわち S_n の超球は斉次座標 $(x^0, x^1, \cdots, x^n, x^\infty)$ で表わされ，これを S_n の $(n+2)$ **球座標**という．球 $(x^0, x^1, \cdots, x^n, x^\infty)$ が S_n の点を表わす条件は（1）がみたされることである．この標構では，超球 a_0, a_∞ は点を表わし，超球 $a_1, \cdots, a_n$ は実球でいずれも二点 $a_0, a_\infty \in S_n$ を含む．逆に P_{n+1} の独立な $(n+2)$ 個の点 $a_0, a_1, \cdots, a_n, a_\infty$ を上のようにとれば $(n+2)$ 球座標が定まる．二つの超球 x, y に対し，$(n+2)$ 球座標を用いて

$$(x, y) = \sum_{i,j=1}^{n} g_{ij}x^i y^j - (x^0 y^\infty + x^\infty y^0)$$

とおいて，超球 x, y のなす**角** θ を

$$\cos\theta = (x, y)/\sqrt{(x, x)(y, y)}$$

で定義する．角は共形群の不変量である．二つの超球 x, y が直交 $(\cos\theta=0)$ するための条件は $(x, y)=0$，すなわち二点 $x, y \in P_{n+1}$ が S_n に関して共役となることである．x が点球のとき $(x, y)=0$ は点 x が超球 y 上にあることを意味する．とくに点球はそれ自身と直交する．一般に P_{n+1} の二つの面 P_{r+1}, P_{t+1} が S_n に関して共役であるとき，r 次元球 $S_r = S_n \cap P_{r+1}$ と t 次元球 $S_t = S_n \cap P_{t+1}$ とは**直交する**という．

次に S_n の一つの超球 $a \in P_{n+1}$ を変えない共形群の部分群を考えよう．P_{n+1} の標構 $\{a_0, \cdots, a_{n+1}\}$ を適当にとれば，$a = a_{n+1}$ かつ S_n の方程式が

（i）　$a \in H_{n+1}$ のとき，　$-(x^0)^2 + \cdots + (x^{n+1})^2 = 0$,

（ii）　$a \in S_n$ のとき，　$-2x^0 x^{n+1} + (x^1)^2 + \cdots + (x^n)^2 = 0$,

（iii）　$a \in H_{n+1}^*$ のとき，　$(x^0)^2 + \cdots + (x^n)^2 - (x^{n+1})^2 = 0$,

となるようにできる．まず（i）の場合を考える．共形空間 S_n は，その点の斉次座標がそれぞれ条件 $x^{n+1}/x^0 < 0$, $x^{n+1}=0$, $x^{n+1}/x^0 > 0$ をみたすような三つの部分集合 H_n^-, Q_{n-1}^∞, H_n^+ に分けられ，Q_{n-1}^∞ が点 a で表わされる実球である．実球 a を変えない一つ

の共形変換で Q_{n-1}^{∞} はそれ自身に移り，H_n^- および H_n^* はそれ自身に移るか，または互いにいれかわる．実球 a を変えず，かつ H_n^- をそれ自身に移す共形群の部分群を G_n^- とする．S_n の方程式（ i ）から，H_n^-（または H_n^+）の点は斉次座標 $(x^0, x^1, \cdots, x^n)$, $(x^0)^2 > (x^1)^2 + \cdots + (x^n)^2$ で表わすことができ，この座標に対する群 G_n^- の変換を見れば，幾何 $\{H_n^-, G_n^-\}$, $\{H_n^+, G_n^-\}$ はともに双曲幾何であることがわかる．次に (ii) の場合．点球 a を変えない共形群の部分群を G_n とし，$E_n = S_n - a$ とおけば，S_n の方程式 (ii) から，E_n の点は非斉次座標 $\{x^1/x^0, \cdots, x^n/x^0\}$ で表わされ，幾何 $\{E_n, G_n\}$ は放物幾何となる．(iii) の場合には S_n の点を座標 $\{x^0/x^{n+1}, \cdots, x^n/x^{n+1}\}$, $(x^0/x^{n+1})^2 + \cdots + (x^n/x^{n+1})^2 = 1$ で表わせば，虚球 a を変えない共形群の部分群は直交群 O_{n+1} と同型で，幾何 $\{S_n, O_{n+1}\}$ が球面幾何であることがわかる．このように実計量幾何はまた共形幾何に従属する幾何として実現することができ，この実現を **Poincaré の模型**という．これは Poincaré が保型函数の研究に関連して導いたもの ($n=2$ の場合) である．双曲幾何，放物幾何の Poincaré の模型において，直線は不変球と直交する円として表わされる．r 次元面についても同様である．また球面幾何の場合は，不動点 $a \in P_{n+1}$ を通る P_{n+1} の任意の平面を P_2 とすれば，円 $P_2 \cap S_n$ が大円となる．

付　録 II. Grassmann 多様体の位相的性質

§1　等質空間のバンドル構造

以下等質空間 $M=G/H$ において G は Lie 群，H はその閉部分群の場合だけを考える．等質空間 $M=G/H$ の等方性群 H が G のある対合的自己同型 φ の特性部分解（φ で動かない G の元全体）であるとき，M を**対称空間**[1] という．

等質空間 $M=G/H$ の変換群[2] G の Lie 部分群 G_1 がさらに M 上に推移的であれば，M はまた変換群 G_1 の等質空間とみなすことができ，それは $M=G_1/H_1$，$H_1=H\cap G_1$ で与えられる．変換群を考慮にいれて二つの等質空間 G/H, G_1/H_1 は一般に異なるものとみなすべきであるが，その位相的構造のみに注目する場合にはこれらを同じ記号 M で表わしてさしつかえない．注意すべきことは G_1/H_1 が対称空間であっても G/H は必ずしもそうでないことである．

複素一般線型群 $GL_n(C)$ は普通の位相（数空間 C_{n^2} 内の開集合 $\det A\neq 0$）に関して Lie 群である．実一般線型群 $GL_n(R)$，特殊線型群 $SL_n(C)$, $SL_n(R)$，ユニタリ群 U_n，実直交群 O_n，特殊（実）直交群 SO_n および §4·2，§4·3 で定義された群 $GL_{r,\,n-r}(K)$，$\varDelta_n(K)$ $(K=R,\,C)$ などはいずれも $GL_n(C)$ の閉部分群であり，したがって Lie 群である．さらに U_n が C_{n^2} 内の有界閉集合であることは容易に示されるから，U_n およびその閉部分群 O_n, SO_n はコンパクトである．なお U_n, SO_n は弧状連結であり，O_n は二つの連結成分をもち単位行列 1_n を含む成分が SO_n と一致する．とくに U_1 は複素平面 C 内の単位円周 $|z|=1$ とみなされ，O_1 は2位の巡回群である．

行列 $A\in U_n$ に対しては ${}^tA\in U_n$ であるから

$$GL_{r,\,n-r}(C)\cap U_n=U_r\times U_{n-r}$$

$$GL_{r,\,n-r}(R)\cap O_n=O_r\times O_{n-r}$$

となる．いま

$$\begin{pmatrix} SL_r(R) & * \\ 0 & SL_{n-r}(R) \end{pmatrix}$$

1）　佐々木重夫：リーマン幾何学（本講座）110 頁参照．

2）　変換群は M に効果的に作用するとは限らない．G の正規部分群で H に含まれる最大のものを H_0 とすれば商群 G/H_0 が M に効果的に作用すると考えられる．

なる形の行列全体から成る $GL_n(R)$ の部分群を $SL_{r,\ n-r}(R)$ とすれば

$$SL_{r,\ n-r}\cap SO_n=SO_r\times SO_{n-r}$$

である．また $T_n(C)=\varDelta_n(C)\cap U_n$, $T_n(R)=\varDelta_n(R)\cap O_n$ とおけば

$$T_n(C)=U_1\times\cdots\times U_1,\quad T_n(R)=O_1\times\cdots\times O_1$$

で与えられる．

実および複素 Stiefel 多様体はそれぞれ等質空間

$$S_{r,\ n-r}=O_n/1_r\times O_{n-r}=SO_n/1_r\times SO_{n-r}$$
$$S^C_{r,\ n-r}=U_n/1_r\times U_{n-r}$$

で与えられる．この二つを同時に扱うとき $S^K_{r,\ n-r}$ で表わすことにする．$S^K_{r,\ n-r}$ は，コンパクト，弧状連結である．また Grassmann 多様体は

$$M_{r,\ n-r}=GL_n(R)/GL_{r,\ n-r}(R)=O_n/O_r\times O_{n-r}=SO_n/O_r\times SO_{n-r},$$
$$\widetilde{M}_{r,\ n-r}=SL_n(R)/SL_{r,\ n-r}(R)=SO_n/SO_r\times SO_{n-r}=O_n/SO_r\times O_{n-r},$$
$$M^C_{r,\ n-r}=GL_n(C)/GL_{r,\ n-r}(C)=U_n/U_r\times U_{n-r}$$

で与えられる．この三つをまとめて $M^K_{r,n-r}$ で表わす．$M^K_{r,n-r}$ もコンパクト，弧状連結である．$\widetilde{M}_{r,\ n-r}$ は実ベクトル空間 V_n 内の有向 r 次元線型空間全体から成る多様体とみなすことができる．行列

$$\varepsilon_r=\begin{pmatrix} -1_r & 0 \\ 0 & 1_{n-r} \end{pmatrix}$$

による $GL_n(C)$ の内部自己同型 $\varphi: A\to\varepsilon_r^{-1}A\varepsilon_r$, $A\in GL_n(C)$ を考えれば φ は O_n, SO_n, U_n の対合的自己同型となり，その特性部分群はそれぞれ $O_r\times O_{n-r}$, $SO_r\times SO_{n-r}$, $U_r\times U_{n-r}$ であるから Grassmann 多様体 $M^K_{r,n-r}$ は変換群としてそれぞれ O_n, SO_n, U_n をとるとき対称空間である．しかし変換群 $GL_n(R)$, $SL_n(R)$, $GL_n(R)$ に対しては対称空間とはいえない．

注意　とくに $M_{1,\ n-1}$, $M^C_{1,\ n-1}$ は射影空間 $P_{n-1}(R)$, $P_{n-1}(C)$ と同位相で，変換群を $GL_n(R)$, $GL_n(C)$ と考えたものが射影幾何であった．$M_{1,\ n-1}$ に変換群として O_n をとれば楕円幾何である．なおこれらの変換群は効果的でないことを注意する．また $\widetilde{M}_{1,\ n-1}$ は球面 S_{n-1} と同位相で O_n を変換群としたものが球面幾何である．

さらに旗多様体は

$$F_n(R)=GL_n(R)/\varDelta_n(R)=O_n/T_n(R)$$
$$F_n(C)=GL_n(C)/\varDelta_n(C)=U_n/T_n(C)$$

で与えられる.

バンドル空間 B, 底空間 M, ファイバー F, 構造群 G のファイバーバンドル[1] を $B(M, F, G)$ (簡単に B) で表わし, とくに主バンドルのとき $B(M, G)$ と書く. バンドル射影は $p: B \to M$ で表わす. ファイバーおよび構造群が等しい二つのバンドルを $B(M, F, G)$, $B'(M', F, G)$ とする. バンドル写像 $h: B \to B'$ に対して $\bar{h}p = p'h$ となる写像 $\bar{h}: M \to M'$ が定まる. これを h の**底写像**とよぶ. Lie 群 B の閉部分群を G とし, G の閉部分群を H とすれば自然射影 $B/H \to B/G$ (この対応は $aH \to aG$, $a \in B$ で与えられる) によってバンドル $B/H(B/G, G/H, G/H_0)$ を得る. ここに H_0 は 91 頁脚注で述べた群である. そして等質空間 B/H 上への変換 $b \in G$ はこのバンドルを自身へ移すバンドル写像になっている. また $H=e$ (単位元) のときは主バンドル $B(B/G, G)$ が得られ, 元 $a \in G$ による群 B 上の右移動はこのバンドルの右移動になっている.

いま自然射影

$$\rho : \widetilde{M}_{r,\, n-r} = O_n/SO_r \times O_{n-r} \to O_n/O_r \times O_{n-r} = M_{r,\, n-r}$$

を考えれば, $\widetilde{M}_{r,\, n-r}$ は $M_{r,\, n-r}$ の 2 重被覆空間となることがわかる. この射影は有向線型空間 $X \in \widetilde{M}_{r,\, n-r}$ に対してその向きを無視したものを対応させることを意味する. さらに自然射影

$$S_{r,\, n-r} \to M_{r,\, n-r}, \quad S_{r,\, n-r} \to \widetilde{M}_{r,\, n-r}, \quad S^C_{r, n-r} \to M^C_{r,\, n-r}$$

により構造群がそれぞれ O_r, SO_r, U_r の主バンドルを得る. この射影は直交 r-標構に対してこれらのベクトルで張られる r 次元線型空間を対応させることを意味する. とくに $r=1$ の場合を見れば, 球面 S_{n-1} は実射影空間 $P_{n-1}(R)$ を 2 重に被覆し, 球面 S_{2n-1} は複素射影空間 $P_{n-1}(C)$ 上の円周をファイバーとする主バンドルとなることを示している. 上の三つの主バンドルは一般の球バンドルを考察する上に大切なものである. これについては § 8 で述べる.

§ 2 Grassmann 多様体上の標準座標

Grassmann 多様体 $M_{m,n}$, $\widetilde{M}_{m,n}$, $M^C_{m,n}$ における Schubert 多様体をそれぞれ $\Omega(\sigma)$, $\widetilde{\Omega}(\sigma)$, $\Omega^C(\sigma)$, 開 Schubert 多様体をそれぞれ $E(\sigma)$, $\widetilde{E}(\sigma)$, $E^C(\sigma)$ で表わし, これらを同時に扱うときは $\Omega^K(\sigma)$, $E^K(\sigma)$ と書くことにする[2].

1) 大槻富之助：接続の幾何学（本講座）29 頁参照.

2) $\widetilde{\Omega}(\sigma)$, $\widetilde{E}(\sigma)$ の定義は X を有向線型空間と考えるだけで前と全く同様である. ただし後に述べるように $\widetilde{E}(\sigma)$ は二つの開胞体の和となる.

実または複素ベクトル空間 V_{m+n} の基底を $\{\boldsymbol{e}_1, \cdots, \boldsymbol{e}_{m+n}\}$ とし, $V_k=(\boldsymbol{e}_1, \cdots, \boldsymbol{e}_k)$ で与えられる旗 $V_1 \subset V_2 \subset \cdots \subset V_{m+n}$ をとる. $\sigma \in \Phi(m, n)$ に対して線型空間 $X_\sigma=(\boldsymbol{e}_{\sigma(1)+1}, \boldsymbol{e}_{\sigma(2)+2}, \cdots, \boldsymbol{e}_{\sigma(m)+m})$ をとり, 基底 $\{\boldsymbol{e}_1, \cdots, \boldsymbol{e}_{m+m}\}$ に関する直交射影で線型空間 $X \in M_{m,n}^K$ を X_σ 上に射影するとき, その像が X_σ を張るような X 全体を $U(\sigma)$ とすれば, $U(\sigma)$ は $M_{m,n}^K$ の開集合であり, $U(\sigma)$ の閉包は $M_{m,n}^K$ と一致する. そして $E^K(\sigma)=\Omega^K(\sigma) \cap U(\sigma)$ であった. $\widetilde{M}_{m,n}$ の場合ベクトル $\boldsymbol{e}_{\sigma(1)+1}, \boldsymbol{e}_{\sigma(2)+2}, \cdots, \boldsymbol{e}_{\sigma(m)+m}$ の順序で X_σ に向きをつけたものを X_σ^+, その反対向きのものを X_σ^- で表わし, 直交射影により X_σ^+ に重なる元 $X \in U(\sigma)$ 全体を $U^+(\sigma)$, X_σ^- に重なる元 $X \in U(\sigma)$ 全体を $U^-(\sigma)$ とすれば, $U^+(\sigma)$, $U^-(\sigma)$ はともに $\widetilde{M}_{m,n}$ の開集合である. いま

$$E^+(\sigma)=\widetilde{E}(\sigma) \cap U^+(\sigma), \quad E^-(\sigma)=\widetilde{E}(\sigma) \cap U^-(\sigma)$$

とおけば, 明らかに $X_\sigma^+ \in E^+(\sigma)$, $X_\sigma^- \in E^-(\sigma)$, $E^+(\sigma) \cup E^-(\sigma)=\widetilde{E}(\sigma)$, $E^+(\sigma) \cap E^-(\sigma)=\phi$ である. そして $\{E^+(\sigma), E^-(\sigma)\}$, $\sigma \in \Phi(m, n)$, が $\widetilde{M}_{m,n}$ の胞分割を与える. $E^+(\sigma)$, $E^-(\sigma)$ は $\widetilde{M}_{m,n}$ の**基本セル**とよばれる.

基底 $\{\boldsymbol{e}_1, \cdots, \boldsymbol{e}_{m+n}\}$ に関する V_{m+n} の座標を $\{x^1, \cdots, x^{m+n}\}$ で表わせば, $M_{m,n}^K$ の開集合 $U(\sigma)$ に属する線型空間 X は V_{m+n} における方程式

$$(1) \qquad x^{\hat{\sigma}(j)}=\sum_{i=1}^{m} \xi_{ji}\, x^{\sigma(i)+i}, \qquad j=1, \cdots, n$$

で与えられる[1]. すなわち $U(\sigma)$ の元は座標 $\{\xi_{ji}\}$ $j=1, \cdots, n$; $i=1, \cdots, m$ で表わすことができる. これを X_σ の近傍 $U(\sigma)$ における**標準座標**という. 線型空間 $V_{\sigma(i)+i}$ の方程式は

$$x^{\hat{\sigma}(j)}=0, \ j>\sigma(i), \quad x^{\sigma(k)+k}=0, \ k>i.$$

で与えられ, § 4·4 補題 2 におけるベクトル c_i に対しては $x^{\sigma(i)+i} \neq 0$ であるから, 開 Schubert 多様体 $E^K(\sigma)$ は標準座標を用いれば, $U(\sigma)$ 内の線型空間

$$\xi_{ji}=0, \ j>\sigma(i), \ i=1, \cdots, m$$

として与えられる. かくして $E^K(\sigma)$ の元が標準座標 $\{\xi_{ij}\}$, $j \leq \sigma(i)$, $i=1, \cdots, m$ で表わされることはすでに述べたとおりである.

V_{m+n} 内に一つの旗を指定すれば $M_{m,n}^K$ の一つの胞分割が得られる. そこで二つの旗

$$(2) \qquad V_1 \subset V_2 \subset \cdots \subset V_{m+n}, \qquad \dim V_i=i,$$

$$(3) \qquad W_1 \subset W_2 \subset \cdots \subset W_{m+n}(=V_{m+n}), \quad \dim W_j=j$$

---

1) 記号 $\hat{\sigma}(i)$ については § 4·4 参照. $\sigma(i)<j\leq\sigma(i+1)$ に対して $\hat{\sigma}(j)=j+i$.

を考えよう．これらは条件

$$\dim(V_i \cap W_j)=0, \qquad i+j\leq m+n,$$
$$=i+j-m-n, \qquad i+j\geq m+n$$

をみたすとき**一般の位置**にあると称えることにする．V_{m+n} の旗多様体 $F(K)$ において，一つの旗に対して一般の位置にある旗全体は $F(K)$ の開集合をつくり，その閉包は $F(K)$ と一致する．旗（2），（3）が一般の位置にあるとき，ベクトル $\boldsymbol{e}_i \in V_i \cap W_{m+n-i+1}$ $(\boldsymbol{e}_i \neq 0)$ をとれば，$\{\boldsymbol{e}_1, \cdots, \boldsymbol{e}_{m+n}\}$ は V_{m+n} の基底となり，$V_k=(\boldsymbol{e}_1, \cdots, \boldsymbol{e}_k)$，$W_k=(\boldsymbol{e}_1', \cdots, \boldsymbol{e}_k')$ である．ただし $\boldsymbol{e}_k'=\boldsymbol{e}_{m+n-k+1}$ とおく．$\sigma \in \Phi(m, n)$ に対し，それぞれ旗（2），（3）を指定することにより得られる開 Schubert 多様体を $E^K(\sigma)$，$E'^K(\sigma)$ とし，その中心元を X_σ，X_σ' で表わす．また $\sigma \in \Phi(m, n)$ に対し $\sigma^* \in \Phi(m, n)$ を

$$(4) \qquad \sigma^*(j)=n-\sigma(m-j+1), \quad j=1, \cdots, m$$

で定義する．このとき $\sigma, \tau \in \Phi(m, n)$ が $d(\sigma)+d(\tau)<mn$ であれば

$$E^K(\sigma) \cap E'^K(\tau)=\phi,$$

そして $d(\sigma)+d(\tau)=mm$ であれば

$$E^K(\sigma) \cap E'^K(\tau)=\phi, \quad \tau \neq \sigma^*,$$
$$E^K(\sigma) \cap E'^K(\sigma^*)=X_\sigma=X_{\sigma^*}'$$

となることが証明される．すなわち一般の位置にある二つの旗から得られる胞分割は双対分割になっている[1]．

次に $V_{m,n}$ の基底 $\{\boldsymbol{e}_1, \cdots, \boldsymbol{e}_{m+n}\}$ に関して m 次元線型空間 $X \in M_{m,n}^K$ と直交する n 次元線型空間を $\vartheta X \in M_{n,m}^K$ とすれば，位相写像 $\vartheta : M_{m,n}^K \to M_{n,m}^K$ を得る．$\widetilde{M}_{m,n}$ の場合には V_{m+n}, X の向きから ϑX の自然な向きを定めることができる．$M_{n,m}^K$ は $M_{m,n}^K$ の**双対 Grassmann 多様体**とよばれる．いま，$\sigma \in \Phi(m, n)$ に対して $\vartheta\sigma \in \Phi(m, n)$ を

$$(5) \qquad \sigma(i)\leq n-j<\sigma(i+1) \text{ のとき } \vartheta\sigma(j)=m-i, \ j=1, \cdots, n$$

で定義する．Schubert 多様体を定める旗として，$M_{m,n}^K$ においては $V_k=(\boldsymbol{e}_1, \cdots, \boldsymbol{e}_k)$ で与えられる旗（2）を，$M_{n,m}^K$ においては $W_k=(\boldsymbol{e}_1', \cdots, \boldsymbol{e}_k')$ で与えられる旗（3）をとることにすれば

$$\vartheta E^K(\sigma)=E'^K(\vartheta\sigma)$$

1）§5，定理 13 参照．

となることが証明され，$\vartheta: M^K_{m,n} \to M^K_{n,m}$ は 1-1 胞写像を与えることがわかる．

§3　Grassmann 多様体のコホモロジー群

Z は有理整数環，Z_p は mod p の剰余環，R^0 は有理数体を表わす．Grassmann 多様体について，これらを係数とするホモロジー群，コホモロジー群を調べよう．このために，各基本セルに符号をつけて Z 係数のチェインとみなし，バウンダリー関係式を導く．

まず $M^C_{m,n}$ においては，$E^C(\sigma)$ は複素開胞体であるから自然な符号が定まる．$E^C(\sigma)$ にこの符号をつけたものを $[\sigma]$ で表わし，これを**基本チェイン**とよぶ．また $\gamma\cdot[\sigma]=1$, $\gamma\cdot[\tau]=0$ $\tau\neq\sigma$ となるコチェイン γ を (σ) で表わし，これを**基本コチェイン**とよぶ．基本セルによる $M^C_{m,n}$ の胞分割ではいずれのセルも偶数次元（実次元）であるから，次のバウンダリー関係式，コバウンダリー関係式が成り立つ．

定理 1　$M^C_{m,n}$ において

(1)　$$\partial[\sigma]=0,\ \delta(\sigma)=0,\ \sigma\in\Phi(m,n).$$

サイクル $[\sigma]$，コサイクル (σ) を含むホモロジー類，コホモロジー類もやはり $[\sigma]$，(σ) で表わすことにすれば，明らかに

定理 2　類 (σ), $\sigma\in\Phi(m,n)$, $2d(\sigma)=r$ が r 次元整係数コホモロジー群 $H^r(M^C_{m,n},Z)$ の基底となる．$H^r(M^C_{m,n},Z)$ には捩率はなく，奇数次元の Betti 数は 0，$2k$ 次元の Betti 数は $d(\sigma)=k$ となる $\sigma\in\Phi(m,n)$ の個数に等しい．

次に $M_{m,n}$, $\widetilde{M}_{m,n}$ の場合を考える，$U(\sigma)$ の標準座標

(2)　$$\{\xi_{11},\cdots,\xi_{1m},\xi_{21},\cdots,\xi_{2m},\cdots,\xi_{n1},\cdots,\xi_{nm}\}$$

において $E(\sigma)$ の座標は $\{\xi_{ji}\}$, $j\leq\sigma(i)$ で与えられるから，この座標を (2) の順序にならべて定まる符号を $E(\sigma)$, $E^+(\sigma)$, $E^-(\sigma)$ につけてそれぞれ $[\sigma]$, $[\sigma]^+$, $[\sigma]^-$ で表わし，これらを**基本チェイン**とよぶ．**基本コチェイン** (σ), $(\sigma)^+$, $(\sigma)^-$ の定義は $M^C_{m,n}$ のときと同様である．

定理 3　$\widetilde{M}_{m,n}$ において

(3)　$$\begin{cases}\partial[\sigma]^+=\sum\varepsilon_k\{(-1)^{m-k+1}[\sigma_k]^+ +(-1)^{\sigma(k)+1}[\sigma_k]^-\},\\ \partial[\sigma]^-=\sum\varepsilon_k\{(-1)^{\sigma(k)+1}[\sigma_k]^+ +(-1)^{m-k+1}[\sigma_k]^-\},\end{cases}$$

(4)　$$\begin{cases}\delta(\sigma)^+=\sum\varepsilon_k\{(-1)^{m-k}(\sigma^k)^+ +(-1)^{\sigma(k)+1}(\sigma^k)^-\},\\ \delta(\sigma)^-=\sum\varepsilon_k\{(-1)^{\sigma(k)+1}(\sigma^k)^+ +(-1)^{m-k}(\sigma^k)^-\}.\end{cases}$$

ここに $\varepsilon_k=\pm1$，和 $\sum$ は (3) では $\sigma_k\in\Phi(m,n)$，(4) では $\sigma^k\in\Phi(m,n)$ となる k

についてとる．

（証明）（３）を証明すればよい．容易に

$$\partial[\sigma]^{+}=\sum\{a_k^{+}[\sigma_k]^{+}+b_k^{+}[\sigma_k]^{-}\},$$
$$\partial[\sigma]^{-}=\sum\{a_k^{-}[\sigma_k]^{+}+b_k^{-}[\sigma_k]^{-}\},\quad a_k^{\pm},\ b_k^{\pm}\in Z,$$

の形であることがわかる．元 $X\in\widetilde{M}_{m,n}$ の向きを反対にする対応 $\varphi:\widetilde{M}_{m,n}\to\widetilde{M}_{m,n}$ により，$(\sigma)^{+}$, $(\sigma_k)^{+}$, $(\sigma_k)^{-}$ はそれぞれ $(\sigma)^{-}$, $(\sigma_k)^{-}$, $(\sigma_k)^{+}$ に移り，かつ $\varphi\partial=\partial\varphi$ であるから $a_k^{+}=b_k^{-}$, $a_k^{-}=b_k^{+}$．よって a_k^{+}, a_k^{-} を求めればよい．いま $\sigma_k\in\Phi(m,n)$ となる k を固定し，次の形の方程式で与えられる線型空間 $X'\in U^{+}(\sigma_k)$ 全体を U' とする：

$$(5)\qquad\begin{cases}x^{\hat{\sigma}(j)}=\sum\limits_{i\neq k}\xi'_{ji}x^{\sigma(i)+i}+\xi'_{jk}x^{\sigma(k)+k-1},\ j\neq\sigma(k),\\ x^{\sigma(k)+k}=\sum\limits_{i\neq k}\xi'_{\sigma(k),i}x^{\sigma(i)+i}+\xi'_{\sigma(k),k}x^{\sigma(k)+k-1},\\ \qquad\xi'_{ji}=0,\quad j>\sigma(i),\end{cases}$$

基底 $\{\boldsymbol{e}_1,\cdots,\boldsymbol{e}_{m+n}\}$, $V_j=(\boldsymbol{e}_1,\cdots,\boldsymbol{e}_j)$ に対し

$$(6)\qquad\begin{cases}\boldsymbol{x}'_i=\boldsymbol{e}_{\sigma(i)+i}+\sum\limits_{j\neq\sigma(k)}\xi'_{ji}\boldsymbol{e}_{\hat{\sigma}(j)}+\xi'_{\sigma(k),i}\boldsymbol{e}_{\sigma(k)+k},\quad i\neq k,\\ \boldsymbol{x}_k=\boldsymbol{e}_{\sigma(k)+k-1}+\sum\limits_{j\neq\sigma(k)}\xi'_{jk}\boldsymbol{e}_{\hat{\sigma}(j)}+\xi'_{\sigma(k),k}\boldsymbol{e}_{\sigma(k)+k},\end{cases}$$

とおけば，明らかに $X'=(\boldsymbol{x}'_1,\cdots,\boldsymbol{x}'_m)$ である．U' の座標として $\{\xi'_{ji}\}$ $j\leq\sigma(i)$ をとり，U' の符号を $E(\sigma)$ のときと同様に定める．$\xi'_{\sigma(k),k}=\eta$ とおき，それぞれ条件 $\eta>0$, $\eta<0$, $\eta=0$ によって U' を三つの部分集合 $U'_{(+)}$, $U'_{(-)}$, U'_0 に分ける．U' に定められた符号を $U'_{(+)}$, $U'_{(-)}$ につけ，それぞれ $c_{(+)}$, $c_{(-)}$ で表わす．明らかに $U_0=E^{+}(\sigma_k)$ となり，かつ U' 内において

$$(7)\qquad\partial c_{(+)}=\varepsilon_k(\sigma_k)^{+},\quad\partial c_{(-)}=-\varepsilon_k(\sigma_k)^{+},\quad\varepsilon_k=\pm1$$

である．さらに（６）から 元 $X'\in U'$ が $X'\in U^{+}(\sigma)$ であるための条件は $\eta>0$．よって $U'_{(+)}=E^{+}(\sigma)\cap U'$．いま $E^{+}(\sigma)$ の標準座標を $\{\xi_{ji}\}$, $j\leq\sigma(i)$ とし，（５）と §2,（１）とを比較すれば $E^{+}(\sigma)\cap U'$ における座標変換式は

$$(8)\qquad\begin{cases}\xi_{jk}=\xi'_{jk}/\eta,\quad j\neq\sigma(k)\\ \xi_{ji}=\xi'_{ji}-\xi'_{jk}\xi'_{\sigma(k),i}/\eta,\ j\neq\sigma(k),\quad i\neq k\\ \xi_{\sigma(k),k}=1/\eta\\ \xi_{\sigma(k),i}=-\xi'_{\sigma(k),i}/\eta,\qquad i\neq k\end{cases}$$

となる．$U'_{(+)}$ では $\eta>0$ ゆえ，この変換の函数行列式の符号は $(-1)^{m-k+1}$．よって（７）

から $a_k^+=(-1)^{m-k+1}\varepsilon_k$ を得る． $U'_{(-)}$ に対しても同様で， $U'_{(-)}=E^-(\sigma)\cap U'$ となり，座標変換式はやはり（8）で与えられる． $\eta<0$ ゆえ函数行列式の符号は $(-1)^{\sigma(k)}$ となり $a_k^-=(-1)^{\sigma(k)+1}\varepsilon_k$ を得る． （証明終）

自然射影 $\rho:\ \widetilde{M}_{m,n}\to M_{m,n}$ によって $\rho[\sigma]^+=\rho[\sigma]^-=[\sigma]$ となるから

定理 4 $M_{m,n}$ において

$$\text{(9)}\qquad \begin{cases} \partial[\sigma]=\sum\varepsilon_k\{(-1)^{m-k+1}+(-1)^{\sigma(k)+1}\}[\sigma_k], \\ \delta(\sigma)=\sum\varepsilon_k\{(-1)^{\sigma(k)+1}+(-1)^{m-k}\}(\sigma_k). \end{cases}$$

この関係式を用いて $M_{m,n}$ の r 次元整係数コホモロジー群 $H^r(M_{m,n}, Z)$, $r<n$ を決定することができる．Schubert 函数 $\sigma\in\Phi(m, n)$ の跳躍点（$\neq 0, m$）を大きさの順に $l_1<l_2<\cdots<l_{s-1}$ とし

$$p_j=l_j-l_{j-1},\ \ b_j=\sigma(l_j),\ \ j=1, \cdots, s,\ \text{（ただし } l_0=0,\ l_s=m\text{）}$$

とおく．基本コチェイン (σ) は

$$0\leq b_1<b_2<\cdots<b_s\leq n,\ \ p_j\geq 1,\ \ p_1+\cdots+p_s=m$$

なる整数の組 $\{b_1, \cdots, b_s\}$, $[p_1, \cdots, p_s\}$ を与えることにより定まる．いま次のそれぞれの条件によって基本コチェイン全体を三種に分類する．

第Ｉ種： $b_1, \cdots, b_s$, $p_1, \cdots, p_s$ が偶数，または $b_2, \cdots, b_s$, $p_2, \cdots, p_s$ が偶数で $b_1=0$.

第II種： $b_{k+1}, \cdots, b_s$, $p_{k+1}, \cdots, p_s$ が偶数で b_k が奇数．

第III種： $b_k, \cdots, b_s$, $p_{k+1}, \cdots, p_s$ が偶数で $b_k\neq 0$, かつ p_k が奇数．

$M_{m,n}$ の r 次元基本コチェイン全体を $\mathfrak{S}^r$ とし，この中第Ｉ種，第II種，第III種全体をそれぞれ $\mathfrak{S}_{\mathrm{I}}^r$, $\mathfrak{S}_{\mathrm{II}}^r$, $\mathfrak{S}_{\mathrm{III}}^r$ とする．それぞれ $\mathfrak{S}_{\mathrm{I}}^r$, $\mathfrak{S}_{\mathrm{II}}^r$, $\mathfrak{S}_{\mathrm{III}}^r$ で張られる Z 係数コチェイン全体を $\mathfrak{C}_{\mathrm{I}}^r$, $\mathfrak{C}_{\mathrm{II}}^r$, $\mathfrak{C}_{\mathrm{III}}^r$ とすれば，r 次元コチェイン群は直和 $\mathfrak{C}^r=\mathfrak{C}_{\mathrm{I}}^r+\mathfrak{C}_{\mathrm{II}}^r+\mathfrak{C}_{\mathrm{III}}^r$ で与えられる．定理 4 から $\mathfrak{C}_{\mathrm{I}}^r$ の元は Z 係数コサイクルである．またコチェイン $\beta\in\mathfrak{S}_{\mathrm{II}}^{r-1}$ において $b_k<n$ であれば（9）から

$$\text{(10)}\qquad \frac{1}{2}\delta\beta=\pm\gamma+\sum\beta',\ \ \gamma\in\mathfrak{S}_{\mathrm{III}}^r,\ \ \beta'\in\mathfrak{S}_{\mathrm{II}}^r$$

の形となる．そして γ は β における b_k の代りに b_k+1 をおき換えることにより得られ，γ と β とは 1–1 対応をなす．したがって任意のコチェイン $z^r\in\mathfrak{C}^r\,(r<n)$ は

$$\text{(11)}\qquad z^r=x^r+y^r+\frac{1}{2}\delta y^{r-1},\ \ x^r\in\mathfrak{C}_{\mathrm{I}}^r,\ \ y^r\in\mathfrak{C}_{\mathrm{II}}^r,\ \ y^{r-1}\in\mathfrak{C}_{\mathrm{II}}^{r-1}$$

の形で与えられ，$z^r=0$ となるのは $x^r=y^r=\frac{1}{2}\delta y^{r-1}=0$ のときに限る．さらに (10) における β と γとが 1–1 対応であることからコチェイン $y^r \in \mathfrak{C}^r_{\mathrm{II}}$ は $y^r=0$ のときに限りコサイクルとなる．それゆえ $M_{m,n}$ の Z 係数の r 次元コサイクルは $x^r+\frac{1}{2}\delta y^{r-1}$ の形であり，これがコバウンダリーとなるのは，(10)，(11) から $x^r=0$, $y^{r-1}\equiv 0 \pmod 2$ のときに限る．従って

定理 5 コホモロジー群 $H^r(M_{m,n}, Z)\ (r<n)$ の基底は $\{\alpha^r, \frac{1}{2}\delta\beta^{r-1}\}$, $\alpha^r \in \mathfrak{S}^r_{\mathrm{I}}$, $\beta^{r-1} \in \mathfrak{S}^{r-1}_{\mathrm{II}}$ で与えられる．

また (9) から $[\sigma]$, (σ), $\sigma \in \Phi(m, n)$ は Z_2 係数ではそれぞれサイクル，コサイクルとなる．そして

定理 6 $H^r(M_{m,n}, Z_2)$ の基底は $\mathfrak{S}^r$ で与えられる．また $r<n$ に対し，$H^r(M_{m,n}, R^0)$, $H^r(M_{m,n}, Z_p)\ (p\geq 3)$ の基底は $\mathfrak{S}^r_{\mathrm{I}}$ で与えられる．

$\widetilde{M}_{m,n}$ に対してはコバウンダリー関係式 (4) が複雑であるから，このようにしてコホモロジー群を決定することは困難である．ここでは (4) の一つの応用を示そう．いま Schubert 函数 $\omega^m_k \in \Phi(m, n)$, $1\leq k\leq m$ を

$$\omega^m_k(i)=0,\ i=1,\cdots,m-k,\ \omega^m_k(j)=1,\ j=m-k+1,\cdots,m$$

で定義し，$\widetilde{M}_{m,n}$ のコチェイン $w^k=(\omega^m_k)^+-(\omega^m_k)^-$ をとれば，(4) から $\delta w^k=\{(-1)^k+1\}w^{k+1}$ となる．よって w^k は k が奇数のとき Z 係数サイクル，k が偶数のとき，Z_2 係数サイクルである．そして

$$w^{2k+1}=\frac{1}{2}\delta w^{2k}, \qquad 2\leq 2k<m \tag{12}$$

が成り立つ．これは **Whitney の公式**とよばれている．

§ 4 不変微分型式

微分多様体 M の点 x における接ベクトル空間を $T_x(M)$，M の接ベクトルバンドルを $T(M)$ とし，バンドルの射影を $p: T(M)\to M$ とする．一点 $x\in M$ に対し $X_i\in T_x(M)$, $i=1,\cdots,k$ なる接ベクトルの組 $(X_1,\cdots,X_k)$ 全体を $T^k_x(M)$ とすれば $T^k(M)=\bigcup_{x\in M}T^k_x(M)$ は $T(M)$ の連合バンドルとなる．V を R 上のベクトル空間とする．M 上の V **係数 k-型式** とは可微分写像 $\theta: T^k(M)\to V$ であって各 $T^k_x(M)$ 上では複一次，斜対称であるものをいう．V の基底 $\{e_i\}$ をとれば $\theta=\sum\theta_i\otimes e_i$ ($\otimes$ はテンソル積)

で与えられる．ここに θ_i は実 k–型式である．外微分 $d\theta=\sum d\theta_i\otimes \boldsymbol{e}_i$ は V の基底のとり方に無関係である．ベクトル空間 $U,\ V,\ W$ に対し，双一次写像 $F:U\times V\to W$ が与えられれば，型式 $\theta: T^k(M)\to U,\ \varphi: T^l(M)\to V$ に対し，型式 $F(\theta,\ \varphi): T^{k+l}(M)\to W$ が次のように定義される：$X_1,\cdots,X_{k+l}\in T_x(M),\ x\in M$ に対して

$$F(\theta,\ \varphi)(X_1,\ \cdots,\ X_{k+l})$$
$$=\frac{1}{(k+l)!}\sum_{i=1}^{k+l}\varepsilon_{i_1\cdots i_{k+l}}F(\theta(X_{i_1},\cdots,X_{i_k}),\ \varphi(X_{i_{k+1}},\cdots,X_{i_{k+l}}))$$

とくに $U=V=W=R,\ F(u,\ v)=uv$ であれば，$\theta\varphi$ は外積である．また明らかに

$$dF(\theta,\ \varphi)=F(d\theta,\ \varphi)+(-1)^kF(\theta,\ d\varphi)$$

が成り立つ．同様に複一次写像 $F: V_1\times\cdots\times V_s\to W\ (s\geq 1)$，型式 $\theta: T^{k_i}(M)\to V_i\ (i=1,\cdots,s)$ に対して型式 $F(\theta_1,\cdots,\theta_s)$ が定義される．かような型式の有限和を θ_i の**多項式**という．

可微分主バンドル $B(M,\ G)$ において，底空間 M 上の型式 $\theta: T^k(M)\to V$ に対して，射影 $p: B\to M$ により型式 $p^{-1}\theta: T^k(B)\to V$ がひき起される．$p^{-1}\theta$ と θ とを同一視して，単に 'M 上の型式' とよぶ．型式 $\varphi: T^k(B)\to V$ が M 上の型式となるための条件は，一つの接ベクトル X_1 が $pX_1=0$ であれば，$\theta(X_1,\cdots,X_k)=0$，かつ θ が B の右移動で不変となることである．

M をコンパクトな n 次元微分多様体とし，その k 次元実係数コホロジー群を $H^k(M,\ R)$ とする．M 上の実 k–型式全体のつくる R–加群を $\mathfrak{A}^k\ (k=0,\cdots,n)$ とすれば，直和 $\mathfrak{A}=\sum_{k=0}^{n}\mathfrak{A}^k$ は外積により階別のある環となり，$\mathfrak{A}$ には外微分 d が作用する．準同型 $d:\mathfrak{A}^k\to\mathfrak{A}^{k+1}$ の核（0 の逆像）を $\mathfrak{Z}^k$ とすれば，$d\mathfrak{A}^{k-1}\subset\mathfrak{Z}^k\ (k\geq 1)$ であり，同型

$$H^0(M,\ R)\approx\mathfrak{Z}^0,\quad H^k(M,\ R)\approx\mathfrak{Z}^k/d\mathfrak{A}^{k-1}$$

が成り立つ（de Rham の定理）．そしてコホモロジー環 $H^*(M,\ R)$ の cup 積は型式の外積として表わされる．$\mathfrak{Z}^k$ に属するものは閉じた k–型式とよばれ，二つの型式 $\theta_1,\ \theta_2\in\mathfrak{Z}^k$ は $\theta_1-\theta_2\in d\mathfrak{A}^{k-1}$ のとき**ホモログ**であるといわれる．上述のことは R の代りに複素数体 C としても同様である．

G を Lie 群とし，その Lie 環を $\mathfrak{g}$ とする．G の **Maurer–Cartan 型式** $\omega: T(G)\to\mathfrak{g}$ は $\omega(X)=X$（一定）$\in\mathfrak{g}$ で与えられる．ここに元 $X\in\mathfrak{g}$ は左辺ではG上の左不変ベクトル場とみなし，右辺では $\mathfrak{g}$ のベクトルとみなす．ω は G の左移動で不変な $\mathfrak{g}$ 係数 1–型式であって，元 $a\in G$ に対する右移動では一次随伴群 1) の変換 $\mathrm{ad}(a^{-1})\omega$ を受け

る．また構造方程式 $d\omega=-\frac{1}{2}[\omega,\ \omega]$ が成り立つ．k-型式 $\theta:T^k(G)\to V$ で G の左移動で不変なものは ω（k 個）の多項式に限ることは容易にわかる．

G をコンパクト，連結な r 次元 Lie 群，H をその $r-n$ 次元閉部分群とし，これらの Lie 環をそれぞれ $\mathfrak{g}$, $\mathfrak{h}$ とする．商ベクトル空間 $\mathfrak{m}=\mathfrak{g}/\mathfrak{h}$ をとり，自然射影を $\pi:\mathfrak{g}\to\mathfrak{m}$ とする．ω を G の Maurer–Cartan 型式とし，$\mathfrak{m}$ 係数 1–型式 $\theta=\pi\omega:T(G)\to\mathfrak{m}$ をとれば，θ は G の左移動で不変となり，$a\in H$ に対する右移動に対しては一次等方性群[2] の変換 $\mathrm{is}(a^{-1})\theta$ を受ける．主バンドル $G(M,\ H)$, $M=G/H$ を考えることにより，等質空間 M 上の G で不変な k-型式は θ（k 個）の多項式で $\mathrm{is}(H)$ により不変なものに限ることがわかる．とくに M が対称空間のとき，$\mathfrak{g}=\mathfrak{m}+\mathfrak{h}$（ベクトル空間の直和），$\mathrm{ad}(H)\mathfrak{m}\subset\mathfrak{m}$, $[\mathfrak{m},\ \mathfrak{m}]\subset\mathfrak{h}$ となる $\mathfrak{g}$ の線型空間 $\mathfrak{m}$ をとることができるから，G の Maurer–Cartan 型式 ω の $\mathfrak{m}$, $\mathfrak{h}$ 成分をそれぞれθ, ω_0 とすれば $\omega=\theta+\omega_0$ ゆえ構造方程式から$d\theta=-[\theta,\ \omega_0]$ を得る．これより対称空間 M 上の任意の不変型式は閉じていることがわかる．なお $\mathfrak{m}$ 上では $\mathrm{is}(H)=\mathrm{ad}(H)$ としてよい．

等質空間 M 上の G で不変な実 k-型式全体を $\mathfrak{I}^k$ すれば，$\mathfrak{I}^k$ はベクトル空間をつくり，直和 $\mathfrak{I}=\sum_{k=0}^{m}\mathfrak{I}^k$ は $\mathfrak{A}^k$ の部分環で，$d\mathfrak{I}^k\subset\mathfrak{I}^{k+1}$ となる．任意の閉じた k- 型式 $\varphi\in\mathfrak{Z}^k$ に対し，φ とホモログな不変型式 $\psi\in\mathfrak{I}^k$ が存在する．実際型式 φ を変換 $a\in G$ で移したものを $a\varphi$ で表わし，

$$\psi=\int_G a\varphi\,da$$

とおけばよい．ここに積分は G の Haar 測度によるものとする．また $\varphi\in\mathfrak{I}^k\cap d\mathfrak{A}^{k-1}$ であれば，不変型式 $\psi\in\mathfrak{I}^{k-1}$ が存在して $d\psi=\varphi$ となる．実際 $d\psi'=\varphi$ となる型式 $\psi'\in\mathfrak{A}^{k-1}$ をとり

$$\psi=\int_G a\psi'\,da$$

とおけばよい．従って，同型

$$H^k(M,\ R)\approx\mathfrak{I}^k\cap\mathfrak{Z}^k/\mathfrak{I}^k\cap d\mathfrak{A}^{k-1}$$

が成り立ち，とくに M が対称空間のとき $\mathfrak{I}^k\subset\mathfrak{Z}^k$ ゆえ $H^k(M,\ R)\approx\mathfrak{I}^k$ となる．

§5 Grassmann 多様体のコホモロジー環

まず基本的な Schubert 函数 $\overset{m}{\omega}_k$, $\overset{m}{\bar{\omega}}_k$, $\overset{m}{\pi}_k$, $\overset{-m}{\pi}_k\in\Phi(m,\ n)$ を定義しておこう．これら

1, 2） 佐々木重夫：リーマン幾何学（本講座）108 頁参照．

は $\{\sigma(1), \cdots, \sigma(m)\}$ の値がそれぞれ次のものとして与えられる.

$$\omega_k^m : \{0, \cdots, 0, \underbrace{1, \cdots, 1}_{k\text{ 個}}\}, \quad 0 \leq k \leq m,$$

$$\bar{\omega}_k^m : \{0, \cdots\cdots\cdots, 0, k\}, \quad 0 \leq k \leq n,$$

$$\pi_k^m : \{0, \cdots, 0, \underbrace{2, \cdots, 2}_{2k\text{ 個}}\}, \quad 0 \leq k \leq m/2,$$

$$\bar{\pi}_k^m : \{0, \cdots\cdots, 0, 2k, 2k\}, \quad 0 \leq k \leq n/2.$$

対応 $\vartheta : \Phi(m, n) \rightarrow \Phi(n, m)$ (§ 2, (5) 参照) により明らかに

(1)　$$\vartheta\omega_k^m = \bar{\omega}_k^n, \ \vartheta\bar{\omega}_k^m = \omega_k^n \ \ \vartheta\pi_k^m = \bar{\pi}_k^n, \ \vartheta\bar{\pi}_k^m = \pi_k^n$$

となる.

$M_{m,n}^C$ において, コホモロジー類 (ω_k^m), $(\bar{\omega}_k^m) \in H^{2k}(M_{m,n}^C, Z)$ をそれぞれ **Chern 類**, **双対 Chern 類**といい, c^{2k}, $\bar{c}^{2k}$ で表わす. $M_{m,n}$ において, 類 (ω_k^m), $(\bar{\omega}_k^m) \in H^k(M_{m,n}, Z_2)$ をそれぞれ **Stiefel–Whitney 類, 双対 Stiefel–Whitney 類**といい, w_2^k, $\bar{w}_2^k$ で表わし, また類 (π_k^m), $(\bar{\pi}_k^m) \in H^{4k}(M_{m,n}, Z)$ をそれぞれ **Pontrjagin 類**, **双対 Pontrjagin 類**といい, p^{4k}, $\bar{p}^{4k}$ で表わす. $\widetilde{M}_{m,n}$ において, 類 $(\omega_m^m) \in H^m(\widetilde{M}_{m,n}, Z)$ を **Euler–Poincaré 類**といい, w^m で表わす. 双対 Grassmann 多様体への位相写像 $\vartheta : M_{m,n}^K \rightarrow M_{n,m}^K$ によってひき起されるコホモロジー環の同型を $\vartheta^* : H^*(M_{m,n}^K) \leftarrow H^*(M_{n,m}^K)$ とするとき, $M_{n,m}^K$ における Chern 類, Stiefel–Whitney 類, Pontrjagin 類の同型 ϑ^* による像が $M_{m,n}^K$ におけるこれらの双対類 (符号を除いて) であることは (1) から明らかであろう.

$M_{m,n}^K$ はコンパクトな Lie 群を変換群とする等質空間 (実は対称空間) であるから, その実係数コホモロジー環を論ずるには 前 § で述べた不変微分型式の理論が適用できる. まず $M_{m,n}^C$ に対しては, ユニタリ群 U_{m+n} の Maurer–Cartan 型式を ω_{AB}, $A, B = 1, \cdots, m+n$, $\omega_{AB} + \bar{\omega}_{BA} = 0$ とし

$$\Omega_{ij} = \sum_{\alpha=m+1}^{m+n} \omega_{i\alpha}\omega_{\alpha j}, \qquad i, j = 1, \cdots, m \ (\text{積は外積})$$

とおいて次の $2q$–型式を考える.

(2)　$$\begin{cases} \Theta^{2q} = \sum_{i,j} \delta_{j_1 \cdots j_q}^{i_1 \cdots i_q} \Omega_{i_1 j_1} \cdots \Omega_{i_q j_q}, \\ \Psi^{2q} = \sum_{i,j} (\delta_{j_1 \cdots j_q}^{i_1 \cdots i_q})^2 \Omega_{i_1 j_1} \cdots \Omega_{i_q j_q}, \\ \Lambda^{2q} = \sum_i \Omega_{i_1 i_2} \Omega_{i_2 i_3} \cdots \Omega_{i_q i_1}. \end{cases}$$

明らかにこれらは $M^C_{m,n}=U_{m+n}/U_m\times U_n$ 上の不変型式である．いま Θ^{2q}, $q=1,\cdots,m$ で生成される微分型式環（C を係数，外積を積としての Θ^{2q} の多項式全体）を $\mathfrak{A}(\Theta)$ とし，同様に $\mathfrak{A}(\Psi)$, $\mathfrak{A}(\Lambda)$ をつくれば，$\mathfrak{A}(\Theta)=\mathfrak{A}(\Psi)=\mathfrak{A}(\Lambda)$ となることは容易にわかる．そして $d\Lambda^{2q}=d\Theta^{2q}=d\Psi^{2q}=0$（これは $M^C_{m,n}$ が対称空間であることからも明らか）である．一方 $M^C_{m,n}$ の任意の不変型式は $\omega_{i\alpha}$, $\omega_{\alpha i}(=-\bar{\omega}_{i\alpha})$ の多項式で $\mathrm{ad}(U_m\times U_n)$ で不変となるものである．$\mathrm{ad}(U_m\times U_n)$ の変換により，$\omega_{i\alpha}$, $\omega_{\alpha i}$ は

$$\omega'_{i\alpha}=\sum_j a_{ij}\,\omega_{j\alpha},\quad (a_{ij})\in U_m$$

$$\omega'_{\alpha i}=\sum_\beta b_{\alpha\beta}\,\omega_{\beta i},\ (b_{\alpha\beta})\in U_n$$

なる作用を受ける．ベクトル不変量に関する第一主要定理[1]を用いれば，次の結果を得る．

定理 7 $M^C_{m,n}$ の C 係数不変 r-型式（$r\leq 2m$）は Θ^{2q}, $q=1,\cdots,m$ の多項式（係数 C, 積は外積）として表わされる．Ψ^{2q}, Λ^{2q} でも同様．

従って $M^C_{m,n}$ の C 係数コホモロジー環 $H^*(M^C_{m,n},\ C)$ の類を不変微分型式で表わすとき，次元 $\leq 2m$ の類は型式 Θ^{2q} で生成されることがわかる．Ψ^{2q}, Λ^{2q} でも同様である．これらの型式と基本コチェインとの関係については次の結果が知られている．

定理 8 型式 $l_q\Theta^{2q}$, $l_q\Psi^{2q}$ がそれぞれ Chern 類 c^{2q}, 双対 Chern 類 $\bar{c}^{2q}$ を表わす．ただし $l_q=1/(2\pi\sqrt{-1})^q q!$.

これは型式 Θ^{2q}, Ψ^{2q} を Schubert 多様体上で実際に積分することにより証明されるが長くなるので割愛する[2]．

Chern 類は Z 係数の類であり，また $M^C_{m,n}$ には 捩率がないから

定理 9 コホモロジー環 $H^*(M^C_{m,n},\ Z)$ は Chern 類 c^{2k}, $k=1,\cdots,m$ で生成される．双対 Chern 類 $\bar{c}^{2k}$, $k=1,\cdots,n$ でも同様．

$M_{m,n}$ に対しては，直交群 O_{m+n} の Maurer-Cartan 型式を ω_{AB}, A, $B=1,\cdots,m+n$, $\omega_{AB}+\omega_{BA}=0$ とし，

$$\Omega_{ij}=\sum_{\alpha=m+1}^{m+n}\omega_{i\alpha}\,\omega_{\alpha j},\qquad i,j=1,,\cdots,m$$

とおいて，(2) で与えられる型式 Θ^{2q}, Ψ^{2q}, $q=1,\cdots,m$ をとれば，$\Omega_{ij}+\Omega_{ji}=0$. ゆ

1) H. Weyl ; The classical groups. Princeton. 1939.
2) S. S. Chern ; Characteristic classes of Hermitian manifolds. Ann. of Math., 47 (1946), 85～121.

えに q が奇数のとき $\Theta^{2q}=\Psi^{2q}=0$ となる．そして

定理 10 $M_{m,n}$ の R 係数不変 r–型式 ($r\leq m$) は Θ^{4k}, $k=1, \cdots, m/4$ の多項式として表わされる．Ψ^{4k} でも同様.

定理 11 型式 $h_k\Theta^{4k}$, $(-1)^k h_k \Psi^{4k}$ がそれぞれ Pontrjagin 類 p^{4k}, 双対 Pontrjagin 類 $\bar{p}^{4k}$ を表わす．ただし $h_k=1/(2\pi)^{2k}(2k)!$.

定理 12 コホモロジー環 $H^*(M_{m,n}, R^0)$ の次元 $\leq m$ の類は Pontrjagin 類 p^{4k}, $1\leq k\leq m/4$ で生成される．$\bar{p}^{4k}$ についても同様.

また $\widetilde{M}_{m,n}$ において，m が偶数のとき，m–型式

$$\Omega=\sum_i \varepsilon_{i_1\cdots i_m}\Omega_{i_1i_2}\cdots\Omega_{i_{m-1}i_m}$$

は不変型式である．型式 $\alpha\Omega$, $\alpha=(-1)^{m/2}/2^m\pi^{m/2}(m/2)!$ が Euler–Poincaré 類 w^m を表わすことがわかる.

コホモロジー環 $H^*(M_{m,n}, Z_2)$ に対しては不変型式の理論が適用できないから別の方法を用いる．Z_2 係数では $M_{m,n}$ のすべての基本コチェインはコサイクルである．簡単のため双対 Stiefel–Whitney 類 $\bar{w}^k$ を (k) で表わし，$(0)=1$, $(h)=0$, $h<0$ とおく.

補題 二つの Schubert 多様体 $\Omega(\tau)$, $\Omega(\sigma^*)$[1], $\tau, \sigma\in\Phi(m, n)$ を定める旗をそれぞれどのような位置にとっても $\Omega(\tau)\cap\Omega(\sigma^*)\neq\phi$ であるためには $\tau(i)\geq\sigma(i)$, $i=1, 2, \cdots, m$ が必要である.

(証明) $\Omega(\tau)$, $\Omega(\sigma^*)$ を定める旗をそれぞれ

(3) $\quad V_1\subset V_2\subset\cdots\subset V_{m+n} \qquad \dim V_i=i$

(4) $\quad W^*_{m+n}\subset W^*_{m+n-1}\subset\cdots\subset W^*_1\ (=V_{m+n}) \qquad \dim W^*_j=m+n-j+1$

とし，$F_{(i)}=V_{\tau(i)+i}\cap W^*_{\sigma(i)+i}$, $i=1, \cdots, m$ とおく．m 次元線型空間 $X\in\Omega(\tau)\cap\Omega(\sigma^*)$ をとれば

$$\dim(X\cap V_{\tau(i)+i})\geq i, \qquad \dim(X\cap W^*_{\sigma(i)+i})\geq m-i+1$$

であり，$X\cap V_{\tau(i)+i}$, $X\cap W^*_{\sigma(i)+i}$ はともに X に含まれるから，これらは1次元以上で交わる．すなわち

(5) $$\dim(X\cap F_{(i)})\geq 1.$$

したがって $\dim F_{(i)}\geq 1$ である．旗 (3), (4) を一般の位置にとっておけば

$$\tau(i)+i+m+n-\sigma(i)-i+1\geq m+n+1,$$

1) Schubert 函数 σ^* については §2, (4) 参照.

すなわち $\tau(i) \geqq \sigma(i)$ でなければならない.

定理 13 $\tau, \sigma \in \Phi(m, n)$, $d(\tau)+d(\sigma^*)=mn$ とする. $M_{m,n}$ の二つの Z_2 係数のサイクル $[\tau]$, $[\sigma^*]$ の交点数 $KI([\tau], [\sigma^*])$ は $\tau \neq \sigma$ のとき 0, $\tau=\sigma$ のとき 1 である.

(証明) 仮定により $d(\tau)=d(\sigma)$. よって $\tau \neq \sigma$ であれば $\tau(i) \geqq \sigma(i)$, $i=1, \cdots, m$ となり得ない. 補題4により $KI([\tau], [\sigma^*])=0$ である. 次に $\tau=\sigma$ とする. 旗 (3), (4) を一般の位置にとり, V_{m+n} の基底 $\{e_1, \cdots, e_{m+n}\}$ を $V_i=(e_1, \cdots, e_i)$, $W_j^*=(e_j, \cdots, e_{m+n})$ となるようにとれば, $e_{\sigma(i)+i} \in F_{(i)}$, $\dim F_{(i)}=1$, $i=1, \cdots, m$ となるから, 任意の $X \in \Omega(\sigma) \cap \Omega(\sigma^*)$ に対して (5) より $e_{\sigma(i)+i} \in X$, $i=1, \cdots, m$ である. すなわち $X=X_\sigma=(e_{\sigma(1)+1}, e_{\sigma(2)+2}, \cdots, e_{\sigma(m)+m})$ でなければならない. よって $\Omega(\sigma) \cap \Omega(\sigma^*)=X_\sigma$, しかも X_σ の近傍 U_σ 内においては集合 $\Omega(\sigma)$, $\Omega(\sigma^*)$ は標準座標を用いればともに線型空間として表わされるからこれらの交わりは単純である. すなわち $KI([\sigma], [\sigma^*])=1$.

定理 14 コホモロジー環 $H^*(M_{m,n}, Z_2)$ において, 任意の $\sigma \in \Phi(m, n)$ に対して

(6) $$(\sigma) \cdot (h)=\sum(\tau) \quad (\text{積は cup 積}).$$

ここに和 $\sum$ は

(7) $$\sigma(i) \leqq \tau(i) \leqq \sigma(i+1), \quad i=1 \cdots, m,$$
$$d(\tau)=d(\sigma)+h$$

となる $\tau \in \Phi(m, n)$ についてとる.

(証明) この公式を証明するには $d(\tau)=d(\sigma)+h$ なる $\sigma, \tau \in \Phi(m, n)$ に対して, 三つのサイクル $[\tau]$, $[\sigma^*]$, $[\overset{m}{\omega}_h^*]$ の交点数は (7) が成り立つとき 1, そうでないとき 0 となることをいえばよい.

補題により交点数が 0 でないためには $\sigma(i) \leqq \tau(i)$, $i=1, \cdots, m$ が必要である. いまこの必要条件が満たされていると仮定する. V_{m+n} の基底 $\{e_1, \cdots, e_{m+n}\}$ を $V_j=(e_1, \cdots, e_j)$, $W_k^*=(e_k, \cdots, e_{m+n})$ となるようにとる. $F_{(i)}=(e_{\sigma(i)+i}, \cdots, e_{\tau(i)+i})$ であるから $\dim F_{(i)}=\tau(i)-\sigma(i)+1$. よって $F_{(1)}, F_{(2)}, \cdots, F_{(m)}$ で張られる線型空間を F とすれば

(8) $$\dim F \leqq h+m$$

であり, 等号が成り立つのは $F_{(i)} \cap F_{(j)}=0$, $i \neq j$ の場合に限る. 線型空間 $X \in \Omega(\sigma) \cap \Omega(\tau^*)$ に対しては

$$\dim(X \cap V_{\tau(i)+i}) \geqq i, \quad \dim(X \cap W_{\sigma(i+1)+i+1}^*) \geqq m-i, \quad \dim X=m$$

であるから $X\subset(\boldsymbol{e}_1, \cdots, \boldsymbol{e}_{\tau(i)+i}, \boldsymbol{e}_{\sigma(i+1)+i+1}, \cdots, \boldsymbol{e}_{m+n})$, $i=1, \cdots, m$. また $\dim(X\cap W^*_{\sigma(1)+1})\geqq m$ ゆえ $X\subset(\boldsymbol{e}_{\sigma(1)+1}, \cdots, \boldsymbol{e}_{m+n})$. したがって X は F に含まれる. Schubert 多様体 $\Omega(\overset{m}{\bar{\omega}_h}{}^*)$ を定める旗を

$$L_1\subset L_2\subset\cdots\subset L_{m+n}(=V_{m+n}) \qquad \dim L_j=j \tag{9}$$

とすれば $\{\overset{m}{\bar{\omega}_h}{}^*(1), \cdots, \overset{m}{\bar{\omega}_h}{}^*(m)\}=\{n-h, n, \cdots, n\}$ であるから, $X\in\Omega(\overset{m}{\bar{\omega}_h}{}^*)$ の条件は (s_1) : $\dim(X\cap L_{n-h+1})\geqq 1$ だけである (条件 (s_i), $i\geqq 2$ は自明). いま旗 (3), (4), (9) をどのような位置にとっても線型空間 $X\in\Omega(\tau)\cap\Omega(\sigma^*)\cap\Omega(\overset{m}{\bar{\omega}_h}{}^*)$ が存在すると仮定しよう. 旗 (3), (4) を一般の位置にとれば $X\subset F$ ゆえ $\dim(F\cap L_{n-h+1})\geqq 1$. 旗 (9) をどのようにとってもこれが成り立つためには $\dim F+n-h+1\geqq m+n+1$. すなわち $\dim F\geqq h+m$. (8) から $\dim F=h+m$. ゆえに $F_{(i)}\cap F_{(i+1)}=0$, $i=1, \cdots, m$. よって $\tau(i)\leqq\sigma(i+1)$ でなければならない. 結局 $[\tau]$, $[\sigma^*]$, $[\overset{m}{\bar{\omega}_h}{}^*]$ の交点数が 0 でないためには (7) が必要である.

次に (7) が満たされているものとしよう. 旗 (3), (4) を一般の位置とし, $P_{(i)}=(\boldsymbol{e}_{\tau(i)+i+1}, \cdots, \boldsymbol{e}_{\sigma(i+1)+i})$, $i=0, 1, \cdots, m$ (ただし $\tau(i)=\sigma(i+1)$ のときは $P_{(i)}=0$) とおけば, $\dim P_{(i)}=\sigma(i+1)-\tau(i)$, $P_{(i)}\cap P_{(j)}=0$, $i\neq j$. ベクトル $\boldsymbol{y}=\boldsymbol{e}_{\sigma(1)+1}+\boldsymbol{e}_{\sigma(2)+2}+\cdots+\boldsymbol{e}_{\sigma(m)+m}\in F$ をとり, $P_{(0)}, P_{(1)}, \cdots, P_{(m)}$, $\boldsymbol{y}$ で張られる線型空間を L とすれば $\boldsymbol{y}\notin P_{(i)}$, $i=0, \cdots, m$ ゆえ

$$\dim L=\sum_{i=0}^{m}\{\sigma(i+1)-\tau(i)\}+1=n-h+1, \quad \dim(F\cap L)=1.$$

旗 (9) を $L_{n-h+1}=L$ となるようにとる. $X\in\Omega(\tau)\cap\Omega(\sigma^*)\cap\Omega(\overset{m}{\bar{\omega}_h}{}^*)$ とすれば (5) よりベクトル $\boldsymbol{x}_i\in X\cap F_{(i)}$, $\boldsymbol{x}_i\neq 0$ をとることができる. $F_{(i)}\cap F_{(j)}=0$, $i\neq j$ であるから $X=(\boldsymbol{x}_1, \cdots, \boldsymbol{x}_m)$. 一方 $X\subset F$, $\dim(F\cap L)=1$ および条件 (s_1) : $\dim(X\cap L)\geqq 1$ から $F\cap L=X\cap L$ となる. $\boldsymbol{y}\in F\cap L$ ゆえ $\boldsymbol{y}\in X$ である. よって

$$\boldsymbol{y}=\sum_{i=1}^{m}\mu_i\boldsymbol{x}_i, \qquad \boldsymbol{x}_i=\sum_{q=0}^{\tau(i)-\sigma(i)}x_{iq}\,\boldsymbol{e}_{\sigma(i)+i+q}$$

とおくことができる. $\boldsymbol{y}$ の定義と比較して

$$\mu_i x_{i0}=1, \quad \mu_i x_{iq}=0, \quad q\neq 0, \quad i=1, \cdots, m.$$

ゆえに $\mu_i\neq 0$, $x_{i0}\neq 0$ であって, $x_{iq}=0$ $(q\neq 0)$ となる. すなわち $\boldsymbol{x}_i=x_{i0}\,\boldsymbol{e}_{\sigma(i)+i}$. よって $X=(\boldsymbol{e}_{\sigma(1)+1}, \boldsymbol{e}_{\sigma(2)+2}, \cdots, \boldsymbol{e}_{\sigma(m)+m})=X_\sigma$ でなければならない. また明らかに $X_\sigma\in\Omega(\tau)\cap\Omega(\sigma^*)\cap\Omega(\overset{m}{\bar{\omega}_h}{}^*)$ であるから, X_σ がただ一つの交点となり, その交わりは単純で

ある．すなわち三つのサイクル $[\tau]$, $[\sigma^*]$, $[\overset{m}{\bar{\omega}_h}{}^*]$ の交点数は1である．

定理 15 $H^*(M_{m,n}, Z_2)$ において，任意の $\sigma \in \Phi(m, n)$ に対して

$$(10) \qquad (\sigma)=\begin{vmatrix} (\sigma(1)), & (\sigma(1)-1), \cdots, & (\sigma(1)-m+1) \\ (\sigma(2)+1), & (\sigma(2)), \cdots, & (\sigma(2)-m+2) \\ \cdots\cdots & \cdots\cdots \quad \cdots\cdots & \cdots\cdots \\ (\sigma(m)+m-1), & (\sigma(m)+m-2), \cdots, & (\sigma(m)) \end{vmatrix}$$

が成り立つ．ただしこの行列式は cup 積で展開するものとする．

（証明） $m=1$ のときは自明である．そこで $m-1$ のとき成り立つと仮定する．(10) の右辺を第一列について展開すれば

$$\sum_{i=1}^{m}(\sigma(i)+i-1)\cdot(\tau_i)$$

となる．ここに $\tau_i \in \Phi(m, n)$ は $\{\tau_i(1), \cdots, \tau_i(m)\}=\{0, \sigma(1)-1, \cdots, \sigma(i-1)-1, \sigma(i+1), \cdots, \sigma(m)\}$ で与えられる．公式（6）を適用すれば (σ) 以外の項は打消されて (10) を得る．（証明終）

公式（6），(10) を用いれば $H^*(M_{m,n}, Z_2)$ の任意の二つの類の cup 積が計算できることになる．また (10) から $H^*(M_{m,n}, Z_2)$ のすべての類は双対 Stiefel-Whitney 類 $\bar{w}^k=(k)$, $k=1, \cdots, n$ で生成されることがわかる．また Stiefel-Whitney 類 w^i に対しては（6）から

$$(11) \qquad \sum_{i=0}^{h} w^i\cdot\bar{w}^{h-i}=0$$

を得る．この公式から $\bar{w}^k$ はまた w^i, $i=1, \cdots, m$ で生成されることがわかる．それゆえ

定理 16 コホモロジー環 $H^*(M_{m,n}, Z_2)$ は Stiefel-Whitney w^i, $i=1, \cdots, m$ で生成される．双対 Stiefel-Whitney 類 $\bar{w}^k$, $k=1, \cdots, n$ でも同様である．

なお公式 (10) を用いて類 $\bar{w}^k$, $k=1, \cdots, n$ の間には自明でない関係は存在しないことが証明される．またコホモロジー環 $H^*(M^C_{m,n}, Z)$ に対しても，$\bar{w}^k$, w^i の代りに双対 Chern 類 $\bar{c}^{2k}$, Chern 類 c^{2i} を用いて公式（6），(11) と同様の結果が成り立つことが知られている．

§6 バンドルのホモトピー

閉区間 [0, 1] を I で表わす．位相空間 M, M' において，二つの連続写像 f_0, f_1：

$M \to M'$ が $f_0 \sim f_1$ (homotopic) であるとは，連続写像 $h: M \times I \to M'$ が存在して $h(x, 0)=f_0(x)$, $h(x, 1)=f_1(x)$, $x \in M$ となることである．h を f_0 のホモトピーとよび，記号 $h: f_0 \sim f_1$ を用いる．一点 $t \in I$ に対して写像 $h_t: M \to M'$ を $h_t(x)=h(x, t), x \in M$ で定義しておく．写像 $\gamma: M \to M'$ の像 $\gamma(M)$ が M' のただ一点であるとき，γ を**一定写像**といい，$f \sim \gamma$ のとき $f \sim 0$ と書く．

バンドル $B(M, F, G)$, 位相空間 M' に対し，連続写像 $f: M' \to M$ が与えられれば，$B'=\{(x', b)\ ;\ x' \in M', b \in B, pb=f(x')\}$ とおくことにより，バンドル $B'(M', F, G)$ が得られ，$\varphi(x', b)=b$ で与えられる写像 $\varphi: B' \to B$ はバンドル写像で，その底写像が $\bar{\varphi}=f$ となることはよく知られている．B' を**誘導バンドル**とよんで，$f^{-1}B$ で表わし，φ を**誘導バンドル写像**とよぶ．バンドル $B(M, F, G)$, 写像 $\pi: M \times I \to M$, $\pi(x, t)=x$, $x \in M$, $t \in I$ から得られる誘導バンドル $\pi^{-1}B$ を $B \times I$ で表わす．

ファイバー，構造群が等しい二つのバンドル $B(M, F, G)$, $B'(M', F, G)$ において，二つのバンドル写像 $f_0, f_1: B \to B'$ が $f_0 \overset{b}{\sim} f_1$ (bundle homotopic) であるとは，バンドル写像 $h: B \times I \to B'$ が存在して $h: f_0 \sim f_1$ となることである．h を f_0 の**バンドルホモトピー**とよぶ．明らかに，各 $t \in I$ に対して $h_t: B \to B'$ はバンドル写像であり，底写像については $\bar{h}: \bar{f}_0 \sim \bar{f}_1$ が成り立つ．h はまた $\bar{h}$ の**被覆バンドルホモトピー**とよばれる．$\bar{h}$ の被覆バンドルホモトピー h が**停留的**であるとは，$\bar{h}(pb, t)$ が一定写像となるような点 $b \in B$ および区間 $[t_1, t_2] \subset I$ に対しては，$h(b, t)$ もまた $[t_1, t_2]$ において一定写像となることである．ここでバンドルの理論において基本的な次の定理を引用しよう．

定理 17 $B(M, F, G)$, $B'(M', F, G)$ はバンドル，$f_0: B \to B'$ はバンドル写像とする．B の底空間 M は正規 (normal)，局所コンパクトで任意の開被覆から可算被覆がとりだせるような空間（以下かようなものを**C_σ-空間**とよぶ）とする．底写像 $\bar{f}_0: M \to M'$ のホモトピー $\bar{h}: M \times I \to M'$ に対し，$\bar{h}$ の被覆バンドルホモトピー $h: B \times I \to B'$ で停留的かつ $h_0=f_0$ となるものが存在する．[**第一被覆ホモトピー定理**][1)]

この定理を用いれば

補題 M が C_σ-空間であれば，$M \times I$ 上の任意のバンドル B' は，$B \times I$ の形のものと同値である．ここに B は M 上のあるバンドルとする．

1) 小松・中岡・戸田：位相幾何学（本講座），または Steenrod : Topology of fibre bundles. (1951) p. 50 参照.

（証明） 写像 $f_0: M\to M\times I$ を $f_0(x)=(x, 0)$, $x\in M$ で定義し，誘導バンドル $B=f_0^{-1}B'$，その誘導バンドル写像 $\varphi_0: B\to B'$ をとる．写像 $\bar{h}: M\times I\to M\times I$ を恒等写像とすれば，$\bar{h}$ は f_0 のホモトピーであるから，その被覆バンドルホモトピー $h: B\times I\to B'$, $h_0=\varphi_0$ が存在する．$\bar{h}$ が恒等写像であるから h はバンドルの同値を与える．

定理 18 $B'(M', F, G)$ はバンドル，M を C_σ–空間とする．二つの写像 $f_0, f_1: M\to M'$ が $f_0\sim f_1$ であれば，二つの誘導バンドル $f_0^{-1}B'$, $f_1^{-1}B'$ は同値である．

（証明） ホモトピー $h: f_0\sim f_1$ をとる．各 $t\in I$ に対して写像 $\bar{\varphi}_t: M\to M\times I$ を $\bar{\varphi}_t(x)=(x, t)$ で定義すれば $f_i=h\bar{\varphi}_i\,(i=0, 1)$．補題により $h^{-1}B'$ は $B\times I$ と同値であり，従って $f_i^{-1}B'=\bar{\varphi}_i^{-1}h^{-1}B'$ は $\bar{\varphi}_i(B\times I)$ と同値である．各 $t\in I$ に対して $\varphi_t(b)=(b, t)$ とおけば写像 $\varphi_t: B\to B\times I$ はバンドル写像であるから，B は $\bar{\varphi}_t^{-1}(B\times I)$ と同値である．$t=0, 1$ とおけばよい．（証明終）

位相空間 M，バンドル $B'(M', F, G)$，写像 $f: M\to B'$ に対して，写像 $\bar{f}=p'f: M\to M'$ を f の**底写像**とよび，ホモトピー $\bar{h}: M\times I\to M'$ に対して $p'h=\bar{h}$ となる $h: M\times I\to B'$ を $\bar{h}$ の**被覆ホモトピー**とよぶことにする．被覆ホモトピーが**停留的**であるということも被覆バンドルホモトピーのときと同様に定義される．

定理 19 $B'(M, F, G)$ はバンドル，M は C_σ–空間，$f_0: M\to B'$ は連続写像とする．$\bar{h}: M\times I\to M'$ を底写像 $\bar{f}_0$ のホモトピーとすれば，$\bar{h}$ の被覆ホモトピー $h: M\times I\to B$ で停留的かつ $h_0=f_0$ となるものが存在する．[**第二被覆ホモトピー定理**]．

（証明） $B=\bar{f}_0^{-1}B'$ とおき，その誘導バンドル写像を $\varphi_0: B\to B'$ とする．$k: B\times I\to B'$, $k_0=\varphi_0$ を h の停留的被覆バンドルホモトピーとし，横断 $\theta: M\to B$ を $\theta(x)=(x, f_0(x))$, $x\in M$ で定義すれば $k_0\theta=f_0$. いま $h(x, t)=k(\theta(x), t)$ とおけば h が求める被覆ホモトピーである．（証明終）

位相空間 M, M'，その部分空間 $A_i\subset M$, $A_i'\subset M'\,(i=1, 2)$ に対して，連続写像 $f: M\to M'$ が $f(A_i)\subset A_i'\,(i=1, 2)$ となるとき $f:(M, A_1, A_2)\to(M', A'_1, A_2')$ で表わす．実 n 次元数空間 R_n 内の立方体 $I_n=\{(t_1, \cdots, t_n);\ 0\leq t_i\leq 1,\ i=1, \cdots, n\}$ をとり，その境界 I_n の部分で $t_n=0$ を満たす $n-1$ 次元立方体を I_{n-1} とし，$\dot{I}_n-I_{n-1}$ の閉包を J_{n-1} とする．位相空間 B において $x_0\in A\subset B$ とし，連続写像 $f:(I_n, I_{n-1}, J_{n-1})\to(B, A, x_0)$ 全体を $\mathfrak{F}_n(B, A, x_0)$（略して $\mathfrak{F}_n$）で表わす．二つの写像 $f_0, f_1\in\mathfrak{F}_n$ が $f_0\simeq f_1$ (homotopic) であるとはホモトピー $h: f_0\sim f_1$ が存在し各 $s\in I=[0, 1]$ に対して $h_s\in\mathfrak{F}_n$ となることをいう．関係 $\simeq$ は等値律をみたすから $\mathfrak{F}_n$ はホモトピー類と称

する類に分けることができる．写像 f の属するホモトピー類を $\{f\}$ で表わす．$f_1, f_2 \in \mathfrak{F}_n$ に対して和 f_1+f_2 を

$$(f_1+f_2)(t_1, \cdots, t_n)=f_1(2t_1, t_2, \cdots, t_n),\ 0\leq t_1\leq 1/2$$
$$=f_2(2t_1-1, t_2, \cdots, t_n),\ 1/2\leq t_1\leq 1$$

で定義すれば，$n\geqq 2$ のとき $f_1+f_2\in\mathfrak{F}_n$ である．また $n=1$ に対しては $A=x_0$ であれば $f_1+f_2\in\mathfrak{F}_1$ となる．$f_i\simeq f_i'$ $(i=1, 2)$ ならば $f_1+f_2\simeq f_1'+f_2'$ であるからホモトピー類の和を $\{f_1\}+\{f_2\}=\{f_1+f_2\}$ で定義することができ，ホモトピー類全体は群をつくる．これを n 次元（相対）**ホモトピー群**といい，$\pi_n(B, A, x_0)$ で表わし，とくに $A=x_0$ のとき $\pi_n(B, x_0)$ と書く．基点 x_0 を省略してそれぞれ $\pi_n(B, A)$, $\pi_n(B)$ と書くこともある．$\pi_n(B, A)$, $n>2$ および $\pi_2(B)$ は Abel 群である．$\pi_1(B)$ は B の**基本群**とよばれる．

写像 $f\in\mathfrak{F}_n(B, A, x_0)$ を I_n の側面 I_{n-1} に制限したものを $\partial f\in\mathfrak{F}_{n-1}(A, x_0, x_0)$ で表わせば対応 ∂ : $\mathfrak{F}_n(B, A, x_0)\to\mathfrak{F}_n(A, x_0, x_0)$ は明らかに準同型 ∂ : $\pi_n(B, A, x_0)\to\pi_{n-1}(A, x_0)$ をひき起す．これを**ホモトピー境界準同型**という．また $x_0\in A\subset B$, $x_0'\in A'\subset B'$ として連続写像 $\varphi:(B, A, x_0)\to(B', A', x_0')$ が与えられれば $f\in\mathfrak{F}_n(B, A, x_0)$ に対して $\varphi_0 f\in\mathfrak{F}_n(B', A', x_0')$ となり，準同型 φ_* : $\pi_n(B, A, x_0)\to\pi_n(B', A', x_0')$ がひき起される．これを**誘導準同型**という．

バンドル $B(M, F, G)$ の一つのファイバー $F_0\subset B$ をとり，包含写像を i : $F_0\to B$ とする．バンドルの射影 p : $B\to M$ に対し，$y_0\in F_0$, $py_0=x_0$ をとれば，誘導準同型

（1）　$$p_*: \pi_n(B, F_0, y_0)\to\pi_n(M, x_0)\qquad n\geqq 2$$

は 1–1 同型となることが証明される[1]．このことから準同型 $\Delta=\partial p_*^{-1}$: $\pi_n(M, x_0)\to\pi_{n-1}(F_0, y_0)$ をとればバンドルのホモトピー列

（2）　$$\cdots\to\pi_n(F_0)\xrightarrow{i_*}\pi_n(B)\xrightarrow{p_*}\pi_n(M)\xrightarrow{\Delta}\pi_{n-1}(F_0)\to\cdots$$

が得られ，これは完全系列となることがわかる．

定理 20　Stiefel 多様体 $S_{m,n}=O_{m+n}/O_n$ $(m\geqq 0,\ n\geqq 1)$ は弧状連結で，$\pi_i(S_{m,n})=0$, $i=1, \cdots, n-1$.

（証明）$S_{m,n}=SO_{m+n}/SO_n$ の弧状連結性は明らか．簡単のため $e=1_{m+n}\in O_{m+n}$ とおき，連続写像 $f\in\mathfrak{F}_i(O_k, O_n, e)$, $n<k\leq m+n$ をとり，p : $O_k\to O_k/O_{k-1}=S_{k-1}$ を自然射

1）小松・中岡・戸田　位相幾何学（本講座）参照．

影とする．$i<k-1$ ゆえ $\pi_i(S_{k-1})=0$[1]．よってホモトピー $\bar{h}:pf\sim 0$ が存在して $\bar{h}_t(\dot{I}_i)=pe,\ 0\leq t\leq 1$．定理 19 から $\bar{h}$ の被覆ホモトピー $h:f\sim f'$ をとることができて，$f'\in\mathfrak{F}_i(O_{k-1}, O_n, e)$ かつ $\dot{I}_i$ 上では $h_t=f,\ 0\leq t\leq 1$．このようなホモトピーを $k=m+n, m+n-1, \cdots, n+1$ に対してひきつづきとることにより，任意の連続写像 $f\in\mathfrak{F}_i(O_{m+n}, O_n, e)$ のホモトピー $\varphi:f\sim g$ が得られ，$g\in\mathfrak{F}_i(O_n, O_n, e)$ かつ $\dot{I}_i$ 上で $\varphi_t=f,\ 0\leq t\leq 1$．従って $\pi_i(O_{m+n}, O_n)=0,\ 2\leq i<n$．バンドル $O_m(S_{m,n}, O_n)$ に対する同型（1）を考慮すれば $\pi_i(S_{m,n})=0,\ 2\leq i<n$．そこで $i=1$ の場合をいえばよい．$p':O_{m+n}\to S_{m,n}=O_{m+n}/O_n$ を自然射影とする．点 $x_0=O_n\in S_{m,n}$ を基点とする $S_{m,n}$ 内の任意の閉曲線 $\bar{f}:I\to S_{m,n},\ \bar{f}(0)=\bar{f}(1)=x_0$ をとれば，$\bar{f}$ の被覆ホモトピー $f:I\to O_{m+n},\ f(0)=e$, が存在する．$n>i=1$ ゆえ，上に述べたようにホモトピー $\varphi:f\sim g$ が存在して $g:I\to O_n,\ \varphi_t(0)=f(0)=e,\ \varphi_t(1)=f(1)\in O_n,\ 0\leq t\leq 1$．底写像をとれば $p'\varphi:\tilde{f}\sim 0$．すなわち $\pi_1(S_{m,n})=0$．

次も同様である．

定理 21 複素 Stiefel 多様体 $S^C_{m,n}=U_{m+n}/U_n$ は弧状連結で

$$\pi_i(S^C_{m,n})=0 \qquad i=1, \cdots, 2n$$

なお Grassmann 多様体 $M_{m,n}=O_{m+n}/O_m\times O_n$ 上の主バンドル $S_{m,n}(M_{m,n}, O_m)$ に関するホモトピー列（2）を見れば，定理 20 より

$$\Delta:\ \pi_i(M_{m,n})\to\pi_{i-1}(O_m),\ 1\leq i<n,$$

は 1-1 同型となる．とくに $\pi_1(M_{m,n})$ は 2 位の巡回群で，$M_{m,n}$ の普遍被覆空間が $\tilde{M}_{m,n}$ である．

§7 普遍バンドル

Grassmann 多様体は典型的な多様体の実例としてだけではなく，球バンドル構造の一般的理論に対してもきわめて重要な役割を果たすものである．このことを次に述べよう．

本 § で用いられる胞分割においては，各セルの閉包は閉胞体と同位相であるようにとるものとする．位相空間 $\mathfrak{K}$ がこのように胞分割されたとき，$\mathfrak{K}$ を簡単に n-複体（n はこの複体の次元）とよぶことにする．なおここではセルの個数は必ずしも有限でなくてよい．

$B(M, G)$ を主バンドルとする．任意の n-複体 $\mathfrak{K}$，その部分複体 $\mathfrak{L}$，主バンドル

1) 小松・中岡・戸田：位相幾何学（本講座）参照．

$B'(\mathfrak{K}, G)$，バンドル写像 $h: B'|\mathfrak{L}\to B$ （$B'|\mathfrak{L}$ は B' の $\mathfrak{L}$ 上への制限）に対して，h が常にバンドル写像 $B'\to B$ に拡大できるとき，$B(M, G)$ を群 G に対する **n-普遍バンドル**という．

定理 22 $B(M, G)$ を n-普遍バンドル，$\mathfrak{K}$ を $(n-1)$-複体とする．連続写像 $f:\mathfrak{K}\to M$ に対してその誘導バンドル $f^{-1}B(\mathfrak{K}, G)$ を対応させれば，この対応で連続写像 $\mathfrak{K}\to M$ のホモトピー類と $\mathfrak{K}$ 上の G-バンドル構造とは1対1となる．

（証明） 定理 18 から二つの写像 $f_0, f_1:\mathfrak{K}\to M$ が $f_0\sim f_1$ であれば $f_0^{-1}B$ と $f_1^{-1}B$ とは同値である．それゆえ各ホモトピー類には一つのバンドル構造が対応する．そして任意のバンドル $B'(\mathfrak{K}, G)$ に対して $B'=f^{-1}B$ となる $f:\mathfrak{K}\to M$ が存在する．それは普遍バンドル定義において $\mathfrak{L}=\phi$ と考えればバンドル写像 $h: B'\to B$ が存在するから，その底写像 $\bar{h}:\mathfrak{K}\to M$ をとれば $B'=\bar{h}^{-1}B$ である．次に $B_0=f_0^{-1}B$ と $B_1=f_1^{-1}B$ とが同値であるとし，その同値を与えるバンドル写像を $h: B_0\to B_1$ とする．写像 $f_i:\mathfrak{K}\to M$ $(i=0, 1)$ の誘導バンドル写像を $h_i: B_i\to B(i=0, 1)$ とし，写像 $\varphi: B_0\times I\to B_0$ を $\varphi(b, t)=b$, $b\in B_0$, $t\in I$ で定義する．ここで，閉区間 $I=[0, 1]$ は二点 0, 1 および開区間 $]0,1[$ から成る1-複体とみなす．主バンドル $B^*(\mathfrak{K}\times I, G)=B_0\times I$ をとり，$\mathfrak{L}=\mathfrak{K}\times 0\cup\mathfrak{K}\times 1$ とおく．いま写像 $h^*: B^*|\mathfrak{L}\to B$ を $B^*|\mathfrak{K}\times 0$ 上では $h^*=h_0\varphi$, $B^*|\mathfrak{K}\times 1$ 上では $h^*=h_1 h\varphi$ と定義すれば，h^* はバンドル写像である．$\mathfrak{K}\times I$ は n-複体で，B は n-普遍であるから h^* はバンドル写像 $\varphi^*: B^*\to B$ に拡大できる．この底写像 $\bar{\varphi}^*:\mathfrak{K}\times I\to M$ が求めるホモトピー $f_0\sim f_1$ である．

定理 23 主バンドル $B(M, G)$ が n-普遍であるための条件は，バンドル空間 B が弧状連結で，$\pi_i(B)=0$, $i=1, \cdots, n-1$ となることである．

（証明） まず B は n-普遍とする．$\bar{E}$ を $i+1$ 次元閉胞体 $(i<n)$ として，その境界の i 次元球を S とする．連続写像 $f: S\to B$ が与えられたとき，$f'(y, g)=f(y)g$ (g による右移動)，$y\in S$, $g\in G$ とおけば $f': S\times G\to B$ はバンドル写像である．B が n-普遍であるから f' はバンドル写像 $h: \bar{E}\times G\to B$ に拡大できる．単位元 $e\in G$ に対しては $f'(y, e)=f(y)$ であるから $\varphi(y)=h(y, e)$ とおけば $\varphi: E\to B$ は f の拡大である．任意の $f: S\to B$ が拡大できるゆえ B は弧状連結で $\pi_i(B)=0$, $1\leq i<n$. 逆に B がこの条件を満たすと仮定する．$\bar{E}$, S は上と同様とし，$f': S\times G\to B$ をバンドル写像とする．$f(y)=f'(y, e)$ とおけば仮定から写像 $f: S\to B$ は写像 $h': \bar{E}\to B$ に拡大できる．$h(y, g)=h'(y)g$, $y\in\bar{E}$ とおけば $h: E\times G\to B$ はバンドル写像で，これは f' の

拡大である．次に n–複体$\mathfrak{K}$，その部分複体 $\mathfrak{L}$，主バンドル $B'(\mathfrak{K}, G)$，バンドル写像 h : $B'|\mathfrak{L}\to B$ が与えられたとする．$\mathfrak{L}$ に含まれない 0 次元セル $x\in\mathfrak{K}$に対してはバンドル写像 $B'|x\to B$ がとれる．$\mathfrak{K}$の任意のセル閉包 $\bar{E}$ は閉胞体であるから $B'|\bar{E}$ は積バンドル $E\times G$ と同値である[1]．従って上に述べたことからバンドル写像 h を $\mathfrak{K}$ のすべてのセル上に逐次拡大することができる．すなわち B は n–普遍である．

定理 24　G がコンパクトな Lie 群であれば，任意の自然数 n に対して n–普遍バンドル $B(M, G)$ が存在する．

（証明）　適当に大きな自然数 m をとれば G は直交群 O_m の部分群とみなすことができる[2]．等質空間

$$B=S_{m,n}=O_{m+n}/O_n, \qquad M=O_{m+n}/G\times O_n, \quad G\subset O_m$$

をとれば，自然射影により主バンドル $B(M, G)$ が得られ，これは定理 20，定理 23 から n–普遍バンドルである．

注意 1　Lie 群 G がコンパクトでなくても連結であれば n–普遍バンドルは存在する．G の極大コンパクト群 H をとれば，G は位相積 $H\times E$ (E は開胞体）と同位相であり[3]，C_σ–空間 M 上の任意のバンドル $B(M, G)$ はバンドル $B_1(M, H)$ に退化できて，M 上の G バンドル構造と H バンドル構造とは 1–1 対応をなす．$B_1(M, H)$ が n–普遍であれば，それに対応する $B(M, G)$ も n–普遍である．

注意 2　定理 22，定理 24 において，バンドルを可微分バンドルとし，写像 f を可微分写像としても成り立つ．

§ 8　球バンドルの基本的特性類

ここでとくに球バンドル，すなわち $G=O_m, SO_m, U_m$ の場合を考えよう．Stiefel 多様体から Grassmann 多様体への自然射影

$$S_{m,n}=O_{m+n}/O_n \to O_{m+n}/O_m\times O_n=M_{m,n}$$

$$S_{m,n}=O_{m+n}/O_n \to O_{m+n}/SO_m\times O_n=\widetilde{M}_{m,n}$$

$$S^C_{m,n}=U_{m+n}/U_n \to U_{m+n}/U_m\times U_n=M^C_{m,n}$$

によって得られる主バンドル $S_{m,n}(M_{m,n}, O_m)$，$S_{m,n}(\widetilde{M}_{m,n}\ SO_m)$ は定理 24 によって

1）　胞体 $\bar{E}$ においては恒等写像 $\iota:\bar{E}\to\bar{E}$ が $\iota\sim 0$ であるから定理 18 により $\bar{E}$ 上の任意のバンドルは積バンドルと同値である．

2）　たとえば Chevalley ; Theory of Lie groups, 211 頁参照．

3）　Cartan–Malcev–Iwasawa の定理．

n-普遍であり，主バンドル $S^C_{m,n}(M^C_{m,n}U_m)$ は定理 21，定理 23 から $(2n+1)$-普遍である．この三つを同時に表わすとき $S^K_{m,n}(M^K_{m,n}, G)$ と書くことにする．

定理 22 によれば，複体 M 上の球バンドル構造 $B(M, G)$ を論ずることは連続写像 $f: M \to M^K_{m,n}$ のホモトピー類を論ずることに等しい．($G=O_m$, SO_m のとき $\dim M<n$, $G=U_m$ のとき $\dim M\leq 2n$ としておく)．一つの写像 $f: M\to M^K_{m,n}$ はコホモロジー環の準同型 $f^*: H^*(M, J)\leftarrow H^*(M^K_{m,n}, J)$ (J はある係数) をひき起し，$f_1\sim f_2$ であれば $f_1^*=f_2^*$ となるから，この準同型 f^* は球バンドル構造 $B=f^{-1}S^K_{m,n}$ によって定まるものである．部分環 $f^*H^*(M^K_{m,n}, J)\subset H^*(M, J)$ をバンドル B の**特性環**といい，その元を**特性類**という．類 $z\in H^*(M^K_{m,n}, J)$ に対応する特性類 $f^*z\in H^*(M, J)$ を $z(B)$ で表わす．§3 で述べたように $H^*(M^K_{m,n}, J)$, $J=Z$, Z_2 の元は基本サイクル (σ), $\sigma\in\Phi(m, n)$ の一次結合として表わされるから B の特性類を考察するには $(\sigma)(B)$ の形の類を扱えばよい．そして M の次元に対する仮定から $d(\sigma)<n$ となる Schubert 函数 σ だけで十分である．Chern 類，Pontrjagin 類などの名称はそれらの類に対応する B の特性類に対してもそのまま用いられる[1]．球バンドルの基本的な特性類として次のものがある．

$B(M, O_m)$ に対して

$w_2^k(B)\in H^k(M, Z_2)$,	$0\leq k\leq m$,	Stiefel-Whitney 類
$\bar{w}_2^k(B)\in H^k(M, Z_2)$,	$0\leq k\leq n$,	双対 Stiefel-Whitney 類
$p^{4k}(B)\in H^{4k}(M, Z)$,	$0\leq k\leq m/4$,	Pontrjagin 類
$\bar{p}^{4k}(B)\in H^{4k}(M, Z)$,	$0\leq k\leq n/4$,	双対 Pontrjagin 類

$B(M, SO_m)$ に対して

$w^m(B)\in H^m(M, Z)$		Euler-Poincaré 類

$B(M, U_m)$ に対して

$c^{2k}(B)\in H^{2k}(M, Z)$	$0\leq k\leq m$	Chern 類
$\bar{c}^{2k}(B)\in H^{2k}(M, Z)$	$0\leq k\leq n$	双対 Chern 類

ただし $w_2^0=\bar{w}_2^0=1$, $p^0=\bar{p}^0=1$, $c^0=\bar{c}^0=1$.

上の基本的特性類は §5 における諸定理の意味で B の特性環を生成するものである．

---

1) §4 における Chern 類，Pontrjagin 類などは普遍バンドル $S^K_{m,n}(M^K_{m,n}, G)$ における Chern 類，Pontrjagin 類などのことである．$M^K_{m,n}$ の接球バンドルの特性類とは異なる．

簡単のため不定元 t をとって多項式の形で表わす．

$$w_2(B,t)=\sum_{k\geqq 0} w_2^k(B)t^k \qquad \bar{w}_2(B,t)=\sum_{k\geqq 0}\bar{w}_2^k(B)t^k,$$

$$p(B,t)=\sum_{k\geqq 0}(-1)^k p^{4k}(B)t^{4k},\quad \bar{p}(B,t)=\sum_{k\geqq 0}\bar{p}^{4k}(B)t^{4k},$$

$$c(B,t)=\sum_{k\geqq 0}c^{2k}(B)t^{2k}, \qquad \bar{c}(B,t)=\sum_{k\geqq 0}\bar{c}^{2k}(B)t^{2k}.$$

これらのいずれか一つを $z(B,t)$ として，連続写像 $h: M'\to M$ による誘導球バンドル $h^{-1}B(M',G)$ をとれば関係

$$z(h^{-1}B,\ t)=h^*z(B,t)$$

が成り立つことは明らかである．また二つの Grassmann 多様体の間の連続写像 μ: $M^K_{m,n}\to M^{K'}_{m'n'}$ が与えられれば一つの球バンドル $B(M,G)=f^{-1}S^K_{m,n}$, $f: M\to M^K_{m,n}$ から球バンドル $\mu B(M,G')=(\mu\circ f)^{-1}S^{K'}_{m',n'}$, $\mu\circ f: M\to M^{K'}_{m',n'}$ がひき起される．かような写像 μ を用いて基本的特性類の間の種々の関係を導くことができる．以下主な結果を述べよう．

自然射影 $\rho: \widetilde{M}_{m,n}\to M_{m,n}$ に対して球バンドル $B(M,SO_m)$ から球バンドル $\rho B(M,O_m)$を得る．バンドル B の Stiefel–Whitney 類 $w_2^k(B)$, Pontrjagin 類 $p^{4k}(B)$ はそれぞれ $w_2^k(\rho B)$, $p^{4k}(\rho B)$ で定義する．双対類についても同様である．

双対 Grassmann 多様体への位相写像 $\vartheta: M^K_{m,n}\to M^K_{n,m}$ (§ 2 参照) を考える．

定理 25　球バンドル $B(M,O_m)$ または $B(M,SO_m)$ に対して

$$w_2(B,t)=\bar{w}_2(\vartheta B,t),\quad \bar{w}_2(B,t)=w_2(\vartheta B,t),$$

$$p(B,t)=\bar{p}(\vartheta B,t),\qquad \bar{p}(B,t)=p(\vartheta B,t),$$

また球バンドル $B(M,U_m)$ に対して

$$c(B,t)=\bar{c}(\vartheta B,t),\qquad \bar{c}(B,t)=c(\vartheta B,t)$$

が成り立つ．**[双対定理]**[1)]

これらの公式は Schubert 函数の対応 $\vartheta: \Phi(m,n)\to\Phi(n,m)$ を用いて § 5, (1) から容易に導かれる．

実ベクトル空間 V_{m+n} の係数体 R を C に拡大したものを V^c_{m+n} とする．V_{m+n} は V^c_{m+n} の部分集合とみなされる．実線型空間 $L\subset V_{m+n}$ に対して部分集合 $L\subset V^c_{m+n}$ で張られる複素線型空間を L^c とすれば $\dim L=\dim^c L^c$ (dim は実次元，$\dim^c$ は複素次

1)　末尾の文献 [8] 44 頁．

元）である．$\theta L=L^c$ とおくことにより写像 θ : $M_{m,n}\to M^C_{m,n}$ を得る．これは包含写像である．複素 i 次元線型空間 $V_i\subset V^c_{m+n}$ はまた実係数 $2i$ 次元ベクトル空間と見なすことができる．これを $\widetilde{V}_i$ で表わす．V_i の基底を $\{e_1, \cdots, e_i\}$ とすれば $\widetilde{V}_i$ の基底は $\{e_1, \sqrt{-1}\, e_1, \cdot\cdot, e_i, \sqrt{-1}\, e_i\}$ で与えられる．実線型空間 $L\subset V_{m+n}$ を V^c_{m+n} の部分集合とみれば，L は $\widetilde{V}^c_{m+n}$ の線型空間である．

定理 26　球バンドル $B(M, O_m)$ に対して球バンドル $\theta B(M, U_m)$ をとれば，R^0 係数に対して

$$c^{2i}(\theta B)=(-1)^{i/2}p^{2i}(B)$$
$$\bar{c}^{2i}(\theta B)=\bar{p}^{2i}(B)$$

が成り立つ．ここに i が奇数のとき $p^{2i}=\bar{p}^{2i}=0$ とする．

（略証）上の公式の一方が証明されれば他方は双対定理から得られる．定理 6 により第一種基本コサイクル $\mathfrak{S}^r_I$ が $H^r(M_{m,n}, R^0)$ の基底となる．$(\sigma)\in\mathfrak{S}^r_I$ に対しては $d(\sigma)\equiv 0 \pmod 4$ であるから，i が奇数のとき $H^{2i}(M_{m,n}, R^0)=0$ である．ゆえに $c^{2i}(\theta B)=\bar{c}^{2i}(\theta B)=0$ を得る．

そこで $i=2k$ とする．$M^C_{m,n}$ においても $\tau, \sigma\in\Phi(m, n)$, $d(\tau)+d(\sigma^*)=mn$ に対する交点数 $KI([\tau], [\sigma^*])$ が $\tau\neq\sigma$, $\tau=\sigma$ に従って 0 または 1 となることは定理 13 と同様である．それゆえ

$$KI=KI([\overset{m}{\omega}_{2k}{}^*], \theta[\sigma])=0, \qquad \sigma\neq\overset{m}{\pi}_k,$$
$$=(-1)^k, \quad \sigma=\overset{m}{\pi}_k$$

となることを証明すればよい．Schubert 多様体 $\Omega(\sigma), \Omega^C(\overset{m}{\omega}{}^*_{2k})$ を定める旗をそれぞれ

（1）　$V_1\subset V_2\subset\cdots\subset V_{m+n}$　　$\dim V_i=i$

（2）　$W_1'\subset W_2'\subset\cdots\subset W'_{m+n}(=V^c_{m+n})$　　$\dim^c W'_j=j$

とすれば $\Omega^C(\overset{m}{\omega}{}^*_{2k})$ は次の集合として与えられる：

（3）　$\Omega^C(\overset{m}{\omega}{}^*_{2k})=\{X'; X'\in M^C_{m,n}, \dim^c(X'\cap W'_{n+2k-1})\geqq 2k\}$.

まず $\sigma\neq\overset{m}{\pi}_k$, $(\sigma)\in\mathfrak{S}^{4k}_I$ とする．$d(\sigma)=4k$ かつ $\sigma(i)\equiv 0 \pmod 2$ $i=1, \cdots, m$ であるから $\sigma(1)=\cdots=\sigma(m-2k+1)=0$．よって任意の $X\in\Omega(\sigma)$ に対して $X\supset V_{m-2k+1}$．従って $X^c\supset V^c_{m-2k+1}$．旗（1），（2）を $W'_{n-2k-1}\cap V^c_{m-2k+1}=0$ となるようにとっておけば $X^c\notin\Omega^C(\overset{m}{\omega}{}^*_{2k})$．すなわち $\Omega^C(\overset{m}{\omega}{}^*_{2k})\cap\theta\Omega(\sigma)=\phi$．ゆえに $KI=0$．

次に $\sigma=\overset{m}{\pi}_k$ とする．

（4）　$\Omega(\overset{m}{\pi_k})=\{X\ ;\ X\in M_{m,n},\ V_{m-2k}\subset X\subset V_{m+2}\}$

で与えられる．いま旗（1）に対して一般の位置にある旗

（5）　$W_1\subset W_2\subset\cdots\subset W_{m+n}(=V_{m+n})\qquad \dim W_j=j$

をとり，$L_{2k+2}=V_{m+2}\cap W_{n+2k}$ とおけば $L_{2k+2}\cap V_{m-2k}=0$, $L_{2k+2}\cup V_{m-2k}=V_{m+2}$ となる．$Y=X\cap L_{2k+2}$ とおけば，線型空間 $X\in\Omega(\overset{m}{\pi_k})$ と L_{2k+2} 内の $2k$ 次元線型空間 Y とは 1–1 対応をなし，$X=V_{m-2k}\cup Y$ で与えられる．$K_{2k}=L_{2k+2}\cap W_{n+2k-2}=V_{m+2}\cap W_{n+2k-2}$ とおけば $\dim K_{2k}=2k$ であるから 2次元線型空間 $F_2\subset L_{2k+2}$, $F_2\cap K_{2k}=0$ がとれる．F_2 の基底 $\{\boldsymbol{a}_1, \boldsymbol{a}_2\}$ をとり，ベクトル $\boldsymbol{a}_1+\sqrt{-1}\ \boldsymbol{a}_2\in V^c_{m+n}$ で張られる複素1次元線型空間を C_1 とすれば $C_1\subset F^c_2$, $C_1\cap F_2=0$ である．そこで $\Omega^C(\overset{m*}{\omega_{2k}})$ を定める旗（2）における W'_{n+2k-1} を $W^C_{n+2k-2}\cup C_1$ で定義する．$K'_{2k+1}=L^c_{2k+2}\cap W'_{n+2k-1}=K^c_{2k}\cup C_1$ とおく．線型空間 $X\in\Omega(\overset{m}{\pi_k})$ が $X^c\in\Omega^C(\overset{m*}{\omega_{2k}})$ となるための条件は X に対応する Y が $L_{2k+2}\cap K'_{2k+1}$ に含まれることである．なぜなら $X^c\cap W'_{n+2k-1}\subset X^c\cap W^c_{n+2k}=X^c\cap V^c_{m+2}\cap W^c_{n+2k}=X^c\cap L^c_{2k+2}=Y^c$ となり，条件（3）から $Y^c=X^c\cap W'_{n+2k-1}$. ゆえに $Y\subset W'_{n+2k-1}$. 従って $Y\subset L_{2k+2}\cap K'_{2k+1}$. 逆にこのような Y に対応する X および X^c がそれぞれ条件（4），（3）を満たすことは明らかである．以下実係数 $2(m+n)$ 次元ベクトル空間 $\widetilde{V}^c_{m+n}$ 内で考える．$\sqrt{-1}\ \boldsymbol{a}_1$, $\sqrt{-1}\ \boldsymbol{a}_2\in F_2\cup\widetilde{C}_1$ であるから $\widetilde{F}^c_2\subset F_2\cup\widetilde{C}_1\subset L_{2k+2}\cup\widetilde{K}'_{2k+1}$. よって $\widetilde{L}^c_{2k+2}=\widetilde{F}^c_2\cup\widetilde{K}^c_{2k}\subset L_{2k+2}\cup\widetilde{K}'_{2k+1}\subset\widetilde{L}^c_{2k+2}$. すなわち $\widetilde{L}^c_{2k+2}=L_{2k+2}\cup\widetilde{K}'_{2k+1}$. 次元定理により $\dim(L_{2k+2}\cap\widetilde{K}'_{2k+1})=2k$. 従って $Y=L_{2k+2}\cap K'_{2k+1}=K_{2k}$ は一意的に定まる．すなわち $\theta\Omega(\overset{m}{\pi_k})$ と $\Omega^C(\overset{m*}{\omega_{2k}})$ とはただ一つの元 $X_0=V_{m-2k}\cup K_{2k}$ を共有し，X_0 の近傍における標準座標を用いて符号を計算すれば $KI=(-1)^k$ を得る．　（証明終）

複素ベクトル空間には自然な向きが定まっているから線型空間 $X\in M^C_{m,n}$ に対してその複素構造を無視したものを $\varphi X\in\widetilde{M}_{2m,2n}$ で表わせば 写像 $\varphi:\ M^C_{m,n}\to\widetilde{M}_{2m,2n}$ を得る．

定理 27　球バンドル $B(M, U_m)$ に対して球バンドル $\varphi B(M, SO_{2m})$ をとれば

$$w_2(\varphi B, t)=c_2(B, t),\quad \bar{w}_2(\varphi B, t)=\bar{c}_2(B, t)$$
$$w^{2m}(\varphi B)=(-1)^m c^{2m}(B)$$

が成り立つ．ここに c_2, $\bar{c}_2$ は c, $\bar{c}$ を Z_2 係数の類とみなしたものを表わす．また次の公式が成り立つ：

$$p(\varphi B, t)=c(B, t)\cdot c(B, \sqrt{-1}\ t),$$

$$\bar{p}(\varphi B, t)=\bar{c}(B, t)\cdot\bar{c}(B, \sqrt{-1}\,t) \quad (\textbf{Wu の関係式})^{1)}$$

これらの関係式は微分多様体の概複素構造を論ずるのに用いられる.

実または複素ベクトル空間 V_{m+n} が直和 $V_{m+n}=V_{m_1+n_1}+V_{m_2+n_2}$, $m_1+m_2=m$, $n_1+n_2=n$ に分けられているとし, m_i 次元線型空間 $X_i\subset V_{mi+ni}$ $(i=1, 2)$ に対して X_1, X_2 で張られる m 次元線型空間 $X=X_1+X_2\subset V_{m+n}$ を対応させれば写像 ψ : $M^K_{m_1,n_1}\times M^K_{m_2,n_2}\to M^K_{m,n}$ を得る. 二つの球バンドル $B_i(M_i, G_i)=f_i^{-1}S^K_{mi,ni}$, f_i : $M_i\to M^K_{mi,ni}$ $(i=1, 2)$ に対して 写像 f' : $M_1\times M_2\to M^K_{m_1,n_1}\times M^K_{m_2,n_2}$ を $f'(x_1, x_2)=(f_1(x_1), f_2(x_2))$, $x_i\in M_i$ $(i=1, 2)$ で定義し, 写像 $f=\psi\circ f'$: $M_1\times M_2\to M^K_{m,n}$ でひき起される $M_1\times M_2$ 上の球バンドルを $B_1\times B_2=f^{-1}S^K_{m,n}$ で表わす.

定理 28 $B_i(M_i, O_{mi})$ または $B(M_i, SO_{mi})$ に対して

$$w_2(B_1\times B_2, t)=w_2(B_1, t)\otimes w_2(B_2, t)$$

$$\bar{w}_2(B_1\times B_2, t)=\bar{w}_2(B_1, t)\otimes\bar{w}_2(B_2, t) \quad (Z_2 \text{ 係数})$$

$$p(B_1\times B_2, t)=p(B_1, t)\otimes p(B_2, t)$$

$$\bar{p}(B_1\times B_2, t)=\bar{p}(B_1, t)\otimes\bar{p}(B_2, t) \quad (R^0 \text{ 係数})$$

また $B_i(M_i, U_{mi})$ に対して

$$c(B_1\times B_2, t)=c(B_1, t)\otimes c(B_2, t)$$

$$\bar{c}(B_1\times B_2, t)=\bar{c}(B_1, t)\otimes\bar{c}(B_2, t) \quad (Z \text{ 係数})$$

が成り立つ. ここに $\otimes$ はテンソル積を表わす.

(略証) 双対 Whitney 類の場合を考える. $M_{m,n}$ において $\sigma_i\in\Phi(m_i, n_i)$ $(i=1, 2)$, $d(\sigma_1)+d(\sigma_2)=k$ に対して

$$KI=KI(\psi\cdot[\sigma_1]\otimes[\sigma_2], [\bar{\omega}^{m*}_k])=0, \quad \sigma_1(m_1)+\sigma_2(m_2)<k$$

$$=1, \quad \sigma(m_1)+\sigma_2(m_2)=k$$

となることを証明しよう.

まず $\sigma_1(m_1)+\sigma_2(m_2)<k$ とする. $V_{m_i+n_i}$ $(i=1, 2)$ 内のそれぞれ $\sigma_i(m_i)+m_i$ 次元線型空間 $V_{\sigma_i(m_i)+m_i}$ に対して V_{m+n} 内の $n-k+1$ 次元線型空間 W_{n-k+1} をとり $W_{n-k+1}\cap(V_{\sigma_1(m_1)+m_1}+V_{\sigma_2(m_2)+m_2})=0$ となるようにできる. Schubert 多様体を定める旗を適当にとれば

$$\Omega(\bar{\omega}^{m*}_k)=\{X\,;\,X\in M_{m,n},\ \dim(X\cap W_{n-k+1})\geqq 1\}$$

---

1) 末尾の文献 [8], 55 頁.

で与えられる．また $X_i \in \Omega(\sigma_i)$ $(i=1, 2)$ に対して $X_i \subset V_{\sigma_i(m_i)+m_i}$ となるから $W_{n-k+1} \cap \psi(X_1, X_2)=0$．よって $X=\psi(X_1, X_2) \notin \Omega(\overset{m_*}{\bar{\omega}_k^*})$．すなわち $KI=0$ である．

次に $\sigma_1(m_1)+\sigma_2(m_2)=k$ とする．$\sigma_i=\bar{\omega}_{k_i}^{m_i}$, $k_1+k_2=k$ である．$V_{m_i+n_i}$ の基底 $\{e_1^{(i)}, \cdots, e_{m_i+n_i}^{(i)}\}$ をとり $V_j^{(i)}=(e_1^{(i)}, \cdots, e_j^{(i)})$ とおく．V_{m+n} 内の $n-k+1$ 次元線型空間 $W_{n-k+1}=(e_{m_1+k_1+1}^{1}, \cdots, e_{m_1+n_1}^{(1)}, e_{m_2+k_2+1}^{(2)}, \cdots, e_{m_2+n_2}^{(2)}, e_{m_1}^{(1)}+e_{m_2}^{(2)})$ をとる．

$$\Omega(\bar{\omega}_{k_i}^{m_i})=\{X_i\ ;\ X_i \in M_{m_i,n_i},\ V_{m_i-1}^{(i)} \subset X_i \subset V_{m_i+k_i}^{(i)}\} \quad (i=1, 2)$$

$$\Omega(\bar{\omega}_k^{m_*})=\{X\ ;\ X \in M_{m,n},\ \dim(X \cap W_{n+k-1}) \geqq 1\}$$

で与えられるから，$\Omega(\bar{\omega}_k^{m_*})$ と $\psi(\Omega(\bar{\omega}_{k_1}^{m_1}) \times \Omega(\bar{\omega}_{k_2}^{m_2}))$ とはただ一つの元 $X_0=(e_1^{(1)}, \cdots, e_{m_1}^{(1)}, e_1^{(2)}, \cdots, e_{m_2}^{(2)})$ を共有することがわかる．そして $KI=1$ を得る．

結局 $\bar{w}_2^k(B_1 \times B_2)=f^*(\bar{\omega}_k^m)=f'^* \circ \psi^*(\bar{\omega}_k^m)=\sum f'^*\{(\bar{\omega}_{k_1}^{m_1}) \otimes (\bar{\omega}_{k_2}^{m2})\}=\sum f_1^*(\bar{\omega}_{k_1}^{m_1}) \otimes f_2^*(\bar{\omega}_{k_2}^{m2})=\sum w_2^{k_1}(B_1) \otimes w_2^{k_2}(B_2)$，すなわち $w_2(B_1 \times B_2, t)=w_2(B_1, t) \otimes w_2(B_2, t)$ を得る．双対定理により Whitney 類の場合が得られる．Chern 類，双対 Chern 類についても同様である．定理 26 を用いれば Pontrjagin 類，双対 Pontrjagin 類の場合を得る．

（証明終）

さらに M 上の二つの球バンドル $B_i(M, G_i)=f_i^{-1}S_{m_i,n_i}^K$, $f_i: M \to M_{m_i,n_i}^K (i=1, 2)$ に対して写像 $\bar{f}: M \to M_{m,n}^K$ を $\bar{f}(x)=\psi(f_1(x), f_2(x))$, $x \in M$ で定義して M 上の球バンドル $B_1 \oplus B_2=\bar{f}^{-1}S_{m,n}^K$ を得る．これを B_1 と B_2 との **Whitney 和**とよぶ．対角写像 $d: M \to M \times M$, $d(x)=(x, x)$, $x \in M$ をとれば $B_1 \oplus B_2=d^{-1}(B_1 \times B_2)$ で与えられる．コホモロジー類 $z, z' \in H^*(M, J)$ に対して $z \cdot z'=d^*(z \otimes z')$ であるから，定理 28 により次を得る．

定理 29 $B_i(M, O_{m_i})$ または $B_i(M, SO_{m_i})$ に対して

$$w_2(B_1 \oplus B_2, t)=w_2(B_1, t) \cdot w_2(B_2, t)$$

$$\bar{w}_2(B_1 \oplus B_2, t)=\bar{w}_2(B_1, t) \cdot \bar{w}_2(B_2, t) \qquad (Z_2 \text{ 係数})$$

$$p(B_1 \oplus B_2, t)=p(B_1, t) \cdot p(B_2, t)$$

$$\bar{p}(B_1 \oplus B_2, t)=\bar{p}(B_1, t) \cdot \bar{p}(B_2, t) \qquad (R^0 \text{ 係数})$$

また $B_i(M, U_{m_i})$ に対して

$$c(B_1 \oplus B_2, t)=c(B_1, t) \cdot c(B_2, t)$$

$$\bar{c}(B_1 \oplus B_2, t)=\bar{c}(B_1, t) \cdot \bar{c}(B_2, t) \qquad (Z \text{ 係数})$$

が成り立つ．[**Whitney の定理**]

とくに球バンドル $B(M, G)$ に対して Whitney 和 $B\oplus\vartheta B$ は $f(M)=V_{m+n}$ なる一定写像 f によりひき起されるから積バンドルである．それゆえ Whitney の定理および双対定理から次を得る．

定理 30　球バンドル $B(M, G)$ に対して

$$w_2(B, t)\cdot\bar{w}_2(B, t)=1 \quad (Z_2 \text{ 係数}), \quad G=O_m,\ SO_m$$

$$p(B, t)\cdot\bar{p}(B, t)=1 \quad (R^0 \text{ 係数}), \quad G=O_m,\ SO_m$$

$$p(B, t)\cdot\bar{p}(B, t)=1 \quad (Z \text{ 係数}), \quad G=U_m$$

が成り立つ．［**Whitney の双対定理**］

なお M が第二可算公理を満たす m 次元微分多様体であれば，接ベクトルバンドル $T(M, V_m, GL_m(R))$ の構造群 $GL_m(R)$ はその極大コンパクト群 O_m に退化して，接球バンドル $B(M, O_m)$ が定まる．また M が複素 m 次元多様体のとき接球バンドルは $B(M, U_m)$ となる．接球バンドルの特性類は単に M の**特性類**とよばれ，微分多様体の位相的構造を論ずる上に重要な役割を果たすものである．

参 考 文 献

射影幾何学に関する書物は古くから非常に多い．ここでは本講を書くにあたり，とくに参考としたものだけを挙げる．まず代表的な教科書として

[1] O. Veblen & J. W. Young : Projective geometry I, II. Boston. 1910, 1918.

邦書では

[2] 蟹谷乗養：射影幾何学，丸善．1950.

[3] 寺阪英孝：射影幾何学の基礎，共立出版．1947.

を挙げておこう．[2] は n 次元射影幾何学全般に亘って体系的に論述されており，[3] では公理系と基礎的な定理との関係が詳しい．また，

[4] W. V. D. Hodge & D. Pedoe : Methods of algebraic geometry I. Cambridge. 1947.

にも射影幾何に関する詳しい叙述があり，

[5] B. L. van der Waerden : Einführung in die algebraische Geometrie. Berlin. 1939.

には簡潔にまとめられている．本書の代数的対応の章はぜひ一読をすすめる．

束と射影幾何の公理系との関係については

[6] G. Birkhoff : Lattice theory. Amer. Math. Soc. Colloqium Publ.

にその概要が述べられている．また Grassmann 多様体については

[7] S. S. Chern : Topics in differential gemetry, Lecture notes in Princeton, 1951.

[8] W. T. Wu : Sur les classes caractéristiques des structures fibrées sphériques. Act. Sci. Indus. Paris. 1952.

がある．

なお本文中に引用したその他の文献はその都度脚註で示しておいた．

索引

ア

イ

ウ

エ

オ

カ

キ

ク

ケ

コ

サ

シ

ス

セ

ソ

——著者紹介——

秋月康夫（あきづき やすお）

元 京都大学名誉教授，東京教育大学名誉教授・理学博士

滝沢精二（たきざわ せいじ）

元 京都大学名誉教授・理学博士

検印廃止

復刊 射影幾何学

1957年9月30日 初 版1刷発行
1969年6月20日 初 版4刷発行
2011年7月25日 復 刊1刷発行

著 者 秋 月 康 夫
滝 沢 精 二
発行者 南 條 光 章
東京都文京区小日向4丁目6番19号

NDC 414.4

発行所 共立出版株式会社
東京都文京区小日向4丁目6番19号
電話 東京（03）3947-2511番（代表）
郵便番号 112-8700
振替口座 00110-2-57035番
URL http://www.kyoritsu-pub.co.jp/

印刷・藤原印刷株式会社 製本・ブロケード

Printed in Japan

社団法人
自然科学書協会
会員

ISBN 978-4-320-01972-0